도해 현대 미 육군의
최신 보병 장비
The Lastest Infantry Equipments of U.S.Army

ACH 헬멧 ▶

◀ 백팩

KB122494

❶ACH 헬멧(야시 장비 거치대 장착) ❷골전도 마이크 ❸헬멧 패드 ❹헤드셋MSA SORDIN MICH ❺헬멧 레일(LED 라이트 등을 부착) ❻PCWCPlate Carrier with Cummerbund, 장비 휴대용 전술 조끼 및 방탄 조끼 겸용 장비 ❼삽입식 방탄판(플레이트 캐리어에 삽입한 상태) ❽ACSArmy Combat Shirts ❾백팩 ❿하이드레이션 시스템(급수 장비) ⓫전투식량 ⓬유틸리티 파우치(잡낭) ⓭구급 키트 ⓮야시 장비(AN/PSQ-20) ⓯WAG BAG (휴대용 변기) ⓰휴대용 무전기(AN/PRC-148 MBITR) ⓱탄입대 ⓲피스톨 벨트 ⓳내의 ⓴권총집(M9 권총을 수납) ㉑무릎 패드 ㉒전술화 ㉓ACPArmy Combat Pants ㉔방독면 휴대주머니 ㉕M40 방독면 ㉖다기능 나이프 ㉗섬광등(스트로브 라이트) ㉘나침반 ㉙MK3A2 수류탄 ㉚FN SCAR 돌격소총 ㉛광학 조준기(에임 포인트 Comp M2) ㉜적외선 레이저/적외선 일루미네이터(AN/PEQ-2)MK3A2

세계의
보병 장비

The INFANTRY EQUIPMENTS
of the world

시대를 막론하고 "전쟁의 주역"은 언제나 보병이었다!

거대한 함정이나 세련된 항공기, 강력한 전차 등에 비한다면 자신의 발로 전장을 달려야만 하는 보병은 너무나 보잘 것 없는 존재로 느껴질 지도 모른다.

하지만 가장 기본이 되는 병과인 보병이 존재하지 않는 군대란 있을 수 없다. 보병이라는 존재 없이는 군대라고 하는 조직 그 자체가 성립할 수 없기 때문이다.

아무리 무기 체계가 발달하더라도, 전쟁의 가장 중요한 국면은 보병이 맡게 된다. 전쟁을 최종적으로 마무리 짓는 것은 포격이나 폭격이 아니라 보병을 진입시켜 적 거점을 제압하는 것이기 때문이며, 이것은 현대에 와서도 변함이 없는 진리이다.

그리고 21세기, 대테러 전쟁의 시대라 불리는 오늘날에는 오히려 보병의 중요성이 더욱 높아졌다고 할 수 있다. 전쟁의 복잡화로 인해 보병의 역할이 이전보다 확대되면서, 요구되는 능력 또한 매우 높은 수준으로 올라갔기 때문이다. 때문에 각국의 군대에서는 보병이 휴대하는 장비, 즉 총기를 비롯한 무기는 물론이며 전투복에서 전투식량, 침낭에서 휴대용 변기 등에 이르기까지 실로 다양한 것들을 연구·개발하여 실전에 투입하고 있다. 아마도 이러한 모습들은 전쟁이라는 것이 사라지지 않는 한, 앞으로도 계속될 것이다. 보병은 적을 제압하기 위한 무기와 자신이 사용할 생활용품을 함께 휴대한 채로 싸워야 하기 때문이다.

이 책에서는 일반 보병에 더하여 공수부대나 특수부대, 더 나아가서 육군 이외의 군에 소속된 보병까지 포함하여 이들이 사용하는 다양한 장비에 대하여 해설하고 있으며, 무기나 전투 장비에만 그치지 않고 전장에서의 식사나 위생, 의료 등에 대해서도 페이지를 할애하고 있다. 이러한 장르는 단순히 내용이 흥미 깊다는 것을 넘어, 어떠한 군인이라도 결국은 우리와 같은 인간이라는 것을 새삼 느끼도록 해줄 것이라고 생각한다. 또한 최종장에서는 급격하게 발달하고 있는 로봇 병기나 가까운 미래의 보병 장비에 대해서도 설명하기로 했다.

이 책을 집필함에 있어, 일러스트나 사진을 풍부하게 수록, 누구나 알기 쉽게 정리하는 한편으로 단순한 카탈로그 데이터를 넘은 내용을 담을 수 있도록 노력했다.

보병의 장비에 대해서는 특히 필자 자신도 오랜 세월에 걸쳐 추구해왔던 주제이기도 하여 이 책은 그간의 노력을 담은 일종의 집대성이라고도 생각하고 있다. 이 책을 읽게 될 독자 여러분들도 그렇게 느껴 주신다면 필자에게 있어 그 이상의 기쁨은 없을 것이다.

사카모토 아키라

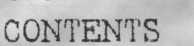

세계의 보병 장비
CONTENTS

제2장 전투 장비   CHAPTER 2 Combat Equipments

제3장 생존 장비   CHAPTER 3 Survival Equipments

제4장 특수 장비　　　CHAPTER 4 Special Equipments

제5장 미래의 보병 장비 CHAPTER 5 Future Infantry Equipments

●사진 : Department of Defence, U.S. ARMY, NATICK, U.S MARINES, U.S. AIR FORCE,
일본 육상자위대 홈페이지

CHAPTER 1
Small Arms

제1장

소화기

"보병 최고의 벗"인 돌격소총부터 권총, 수류탄,
유탄발사기, 저격 소총, 기관총까지.
보병이 사용하는 소화기와
그 사용법에 대해 알아보도록 하자.

01. 돌격소총(1)

소총은 "보병 최고의 벗"

보병이 휴대하는 장비는 모두가 그 쓰임새에 충실한 것들이다. 하지만 그 중에서도 가장 보병을 보병답게 만들어주는 장비라면 역시 소총일 것이다.

1발 쏠 때마다 볼트Bolt, 즉 노리쇠를 조작하여 빈 탄피를 배출하고 다음 탄을 장전해야 하는 볼트 액션 소총에서 방아쇠를 당길 때마다 1발씩 발사되는 반자동 소총, 그리고 현대의 표준이 된 돌격소총에 이르기 까지 소총이라는 무기는 커다란 진화를 이루어 왔다.

하지만 그럼에도 불구하고 소총이 보병의 주력 화기이며 "보병 최고의 벗"이라는 사실 만큼은 예나 지금이나 변함이 없다.

●M1 소총(M1 개런드Garand)

「개런드」라는 애칭으로 잘 알려진 M1 소총은 1957년에 M14 소총이 제식 채용되기 이전까지 미군의 주력 소총이었다. 제2차 세계대전 중에 반자동 소총을 보병 부대에 전면적으로 지급한 것은 오직 미군 뿐이었는데, M1 개런드의 가장 큰 특징은 8발의 탄약을 전용 로딩 클립에 물려 장전하는 급탄 방식으로, 클립을 장전하면 자동적으로 악실이 폐쇄되었으며 탄을 전부 소진한 뒤에는 클립이 자동 배출되었다. 전쟁 후 한국군은 물론 일본 자위대에서도 초기에는 미군에서 공여받은 M1 소총을 사용했다.

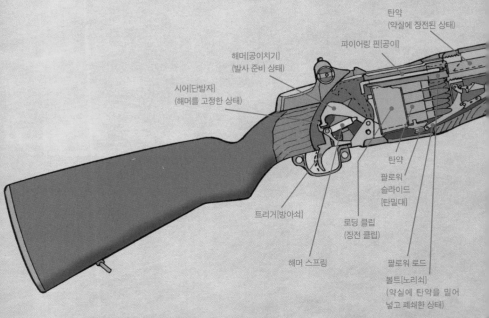

탄약
(악실에 장전된 상태)

파이어링 핀[공이]

해머[공이치기]
(발사 준비 상태)

시어[단발자]
(해머를 고정한 상태)

탄약

팔로워
슬라이드
[탄밀대]

로딩 클립
(장전 클립)

트리거[방아쇠]

해머 스프링

팔로워 로드

볼트[노리쇠]
(악실에 탄약을 밀어
넣고 폐쇄한 상태)

* "라이플Rifle"이란 원래 총신 내부에 새겨진 나선형의 홈(강선)을 의미하는 것이었으나, 이후 총의 종류(소총)를 가리키는 일반 명사가 되었다. 강선은 라이플링이라 불리고 있다.

"Rifleman's Creed"

This is my rifle. There are many like it,
but this one is mine.
My rifle is my best friend. It is my life.
I must master it as I must master my life.
Without me, my rifle is useless.
Without my rifle, I am useless.

『소총수의 신조』(미 해병대 복무신조)
이것은 나의 소총이다. 비슷한 것은 많이 있으나,
오직 이것만이 나의 소총이다.
나의 소총은 내 최고의 벗이며, 내 목숨이다.
내가 내 삶의 주관자이듯, 나는 나의 소총 또한 주관할 수 있어야 한다.
나 없이 나의 소총은 아무 쓸모없는 것이며,
나 또한 내 소총 없이는 아무 쓸모없는 존재이다.

제2차 세계대전 당시 미 해병대의 윌리엄 H. 루퍼투스 소장이 지은 『Rifleman's Creed』(여기에 적힌 것은 초반부에 해당한다).「모든 해병대원은 소총수」를 모토로 하는 미 해병대의 교의이며 복무신조이기도 하다.

▲M1 개런드 소총에 탄약을 장전하는 미 해병대원

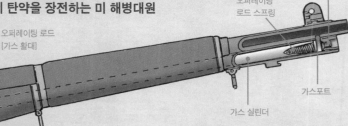

가스 록

오퍼레이팅
로드 스프링

오퍼레이팅 로드
[가스 활대]

배럴[총열]

가스포트

가스 실린더

오퍼레이팅
로드 스프링

팔로잉 로드

▼소련군의 PTRD1941 대전차 소총
(동일 축척의 PPsh1941 기관단총)

●대전차 소총

제1차 세계대전 당시, 전차가 처음 등장했을 때, 대항할 무기로 급거 투입된 것이 바로 대전차 소총(동일 축척의 기관단총과 비교하면 그 거대함을 알 수 있을 것이다)이었다. 이후 전차의 장갑 기술이 발달하면서 대전차 소총은 사라지게 되었으나, 대구경 저격총의 계보는 현대의 대물 저격총Anti-materiel Rifle으로 이어져 오고 있다.

*대물 저격총 = 84쪽 참조

02. 돌격소총(2)

독일이 낳은 "돌격총"

현대 보병 화기의 표준이 된 돌격소총의 원형은 제2차 세계대전 중에 독일이 독자적으로 개발한 것이다. 당시 독일에서는 실제 보병 간의 교전이 50~300m 정도의 거리에서 가장 많이 발생한다는 사실에 주목, 「소총과 기관단총의 기능을 아울러 지니는 총」이라는 콘셉트로 새로운 소총을 개발했는데 이것이 바로 *슈투름게베어(돌격총)였다.

돌격총의 개발에 있어 가장 큰 문제는 탄약으로, 당시의 소총탄은 위력이 강해, 연사 기구에 맞지 않았으며, 반대로 권총탄은 위력이 너무 약했다. 한창 전쟁을 치르고 있던 독일로서는 새로운 탄약을 개발할 여유가 없었기에, 기존의 7.92mm탄약의 생산라인을 유용하는 방법이 채택되었다. StG44에 사용된 7.92mm *단소탄은 이렇게 탄생했다.

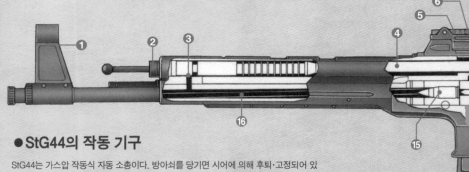

●StG44의 작동 기구

StG44는 가스압 작동식 자동 소총이다. 방아쇠를 당기면 시어에 의해 후퇴·고정되어 있던 공이치기가 풀리면서 공이 뒷부분을 때리며, 공이가 직진하여 약실에 장전된 탄약의 탄피 바닥을 찔러 격발을 실시한다. 탄피 내부 화약(장약)의 연소 가스의 힘으로 탄환이 발사되는데, 이때 발사 가스 일부가 가스포트를 통해 총열 윗부분의 실린더로 흘러들어가 피스톤을 후퇴시킨다. 피스톤의 뒷부분은 노리쇠에 연결되어 있으므로 노리쇠도 함께 후퇴하면서 탄피 배출을 실시한다. 끝까지 후퇴한 노리쇠는 리코일 스프링(복좌 용수철)에 의해 다시 전진하며 다음 탄을 약실에 장전, 다시 격발이 이루어지는 과정을 반복하도록 만들어졌다. 연발 사격과 단발 사격은 시어가 공이치기를 제어하여 이루어진다. 전장 : 940mm, 중량 : 5,220g, 장탄수 : 30발.

*Sturmgewehr=영어로는 어설트 라이플Assault Rifle, 돌격소총이라 번역된다.
*Kurzpatrone=구경은 7.92mm×57 소총탄과 같으나 탄약의 전체 길이는 2/3로, 장약의 양을 크게 줄여, 운동에너지를 절반 정도로 낮췄다.

● StG44의 외관

StG44는 단소탄을 사용하여 휴대 탄수를 늘리고 반동의 경감을 꾀한 것이 특징으로, 단발 사격과 연발 사격으로의 전환이 가능한 자동 소총이었다. 전선의 병사들의 평판은 좋았으나, 생산 수량이 적어 전군에 보급되지는 못했다. 정치적인 이유 때문에 StG44는 생산 시기에 따라 같은 총임에도 MP43, MP44라는 식으로 명칭이 바뀌기도 했다.

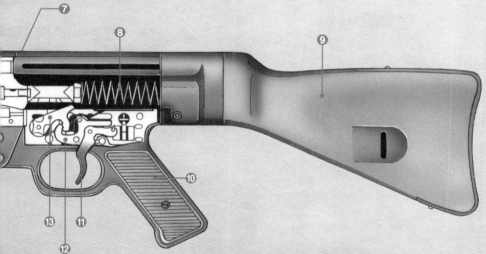

❶가늠쇠 ❷가스 플러그 ❸가스포트 ❹실린더 피스톤 ❺가늠자 ❻노리쇠 ❼공이 ❽복좌용수철 ❾개머리판 ❿권총손잡이 ⓫방아쇠 ⓬시어 ⓭공이치기 ⓮탄창 ⓯약실 ⓰총열

03. 돌격소총(3)

돌격소총의 베스트셀러 AK-47

제1장 소화기

제2장 전투장비

제3장 생존장비

제4장 특수장비

제5장 미래의 보병장비

　독일의 StG44에 큰 영향을 받아 개발된 구소련의 AK-47은 공산진영을 대표하는 돌격소총으로 잘 알려져 있다. 7.62mm×39(M43)탄이라고 하는 탄약을 사용하며, 반자동/자동으로 사격 모드를 선택할 수가 있다. 서방 진영의 소총과 비교하면 정밀도는 약간 떨어지지만 매우 튼튼하고, 거칠게 다루더라도 확실하게 작동한다는 것이 최대의 특징이다.

　AK 시리즈는 다양한 베리에이션이 만들어져, 옛 공산진영 국가뿐 아니라 중동이나 아프리카 등에서도 면허 생산이나 무단 복제 생산이 이루어졌다. 여태까지의 생산량은 1억 정이 넘는 것으로 알려졌으며 세계 각지의 분쟁 지역에서 가장 흔히 볼 수 있는 총이기도 하다.

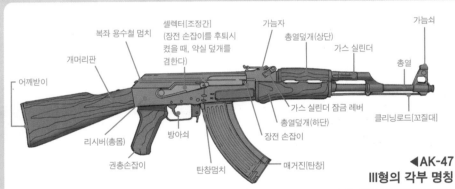

복좌 용수철 멈치
셀렉터[조정간]
(장전 손잡이를 후퇴시
켰을 때, 약실 덮개를
겸한다)
가늠자
가늠쇠
개머리판
총열덮개(상단)
가스 실린더
총열
어깨받이
가스 실린더 잠금 레버
클리닝로드[꼬질대]
리시버(총몸)
총열덮개(하단)
권총손잡이
방아쇠
장전 손잡이
탄창멈치
매거진[탄창]

◀AK-47
Ⅲ형의 각부 명칭

볼트 캐리어 덮개
볼트 캐리어[노리쇠 뭉치]
그룹/가스피스톤
복좌 용수철 및
복좌 용수철 가이드
가스 실린더/총열덮개(상부)
꼬질대
리시버 그룹(아래 총몸)
총열덮개(상단)
총열덮개(하단)
리시버 그룹(아래 총몸)
(하단)
탄창

▲AK-47 Ⅲ형의
필드 스트리핑(야전 분해)

*AK=칼라시니코프 자동 소총Автомат Калашникова이라는 의미, 칼라시니코프는 설계자의 이름이다.

●AK-47 III형의 분해 순서

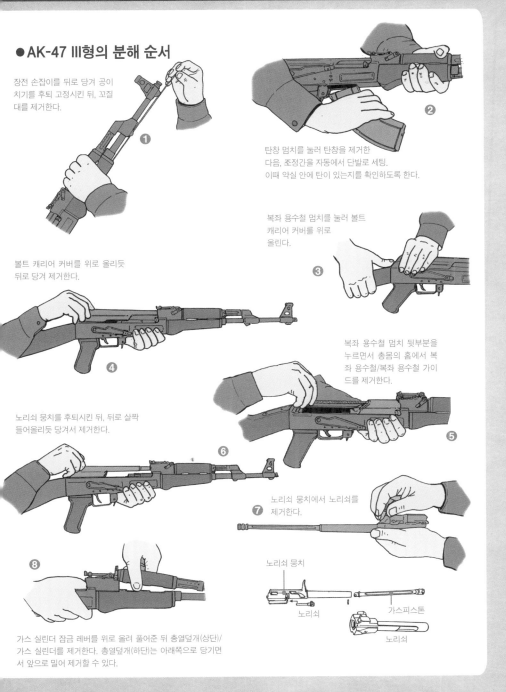

장전 손잡이를 뒤로 당겨 공이
치기를 후퇴 고정시킨 뒤, 꼬질
대를 제거한다.

❶

❷

탄창 멈치를 눌러 탄창을 제거한
다음, 조정간을 자동에서 단발로 세팅.
이때 약실 안에 탄이 있는지를 확인하도록 한다.

복좌 용수철 멈치를 눌러 볼트
캐리어 커버를 위로
올린다.

❸

볼트 캐리어 커버를 위로 올리듯
뒤로 당겨 제거한다.

❹

복좌 용수철 멈치 뒷부분을
누르면서 총몸의 홈에서 복
좌 용수철/복좌 용수철 가이
드를 제거한다.

❺

노리쇠 뭉치를 후퇴시킨 뒤, 뒤로 살짝
들어올리듯 당겨서 제거한다.

❻

노리쇠 뭉치에서 노리쇠를
❼ 제거한다.

❽

노리쇠 뭉치

노리쇠

가스피스톤

노리쇠

가스 실린더 잠금 레버를 위로 올려 풀어준 뒤 총열덮개(상단)/
가스 실린더를 제거한다. 총열덮개(하단)는 아래쪽으로 당기면
서 앞으로 밀어 제거할 수 있다.

04. 돌격소총(4)

AK 시리즈의 베리에이션 ①

▲칼라시니코프 · 모델 1942 기관단총 시제품

미하일 칼라시니코프가 제2차 세계대전 중에 개발한 첫 기관단총. PPsh-42와 경합했지만 결국 채용되지는 않았다. 성능 자체는 PPsh-42보다 조금 나은 편이었지만 당시 칼라시니코프가 아직 설계국의 기사로서는 신참이었기에 채용에는 실패했다고 한다.

각인에 조병창 마크가 들어간다(반대쪽)

절삭 가공으로 만들어진 리시버 본체

흠이 파여 있다

1개의 긴 핀으로 고정되어 있는 개머리판은 핀을 제거하면 흠을 따라 간단하게 아래쪽으로 분리할 수 있다.

목제 권총손잡이

개머리판 접합부가 심플한 형상으로 바뀜. (나사 고정식)

▲AK-47 II형 (1950~1951년에 걸쳐 개량된 제2세대)

구경 : 7.62mm×39, 전장 : 870mm, 총열 길이 : 416mm,
발사 속도(연사) : 710발/분, 중량 : 4,125g

개머리판 뒤에 청소도구를 넣을 수 있는 공간이 추가되었다.

(생산 효율 향상을 위해)
프레스 가공된 리시버 본체

가늠자가 최대 1,000m 까지 연장

권총손잡이(개머리판, 권총손잡이, 총열덮개 등이 합판 재질로 바뀌면서 강화되었다)

총열덮개 측면 형상 변경

▲AKM(1959년에 제식화된 AK-47의 근대화 모델)

구경 : 7.62mm×39, 전장 : 898mm, 총열 길이 : 436mm,
발사 속도(연사) : 710발/분, 중량 : 3,290g

프레스 가공과 절삭 가공으로 만든
두 종류의 본체가 존재한다

탄젠트식 가늠자(100~800m까지 조절 가능)

수가공으로 새긴 각인

플라스틱제 권총손잡이

▼AK-47 I형
(1949년 제식 채용)

구경 : 7.62mm×39, 전장 : 862mm, 총열 길이 : 416mm, 발사
속도(연사) : 600발/분, 중량 : 4,085g

절삭 가공된 리시버 본체
(보다 간략화되었음)

강도 확보를 위한
요철 생략

30발 탄창의 변형을 막기 위한 요철 가공의 패턴을 변경

▼AK-47 III형
(1953년에 등장한 이래 가장 많이 생산된 모델)

구경 : 7.62mm×39, 전장 : 877mm, 총열 길이 : 416mm, 발사
속도(연사) : 710발/분, 중량 : 3,900g

▼AKS-74U
(AK-74의 단축 버전)

구경 : 5.45mm×39, 전장 : 726mm(개머리판을 접었을 때
는 488mm), 총열 길이 : 270mm, 발사 속도(연사) : 800발/
분, 중량 : 2,730g

금속제 접이식 개머리판

브리지 타입 가늠자

금속제 접이식 개머리판

특수부대나 공수부대에서
사용하기 위해 길이를 짧
게 줄였다

노리쇠를 정상적으로 작동시키기
위해 (발사)가스 팽창실을 갖춘 소
염기. 발사 속도역시 600발/분인
AK-74보다 훨씬 빨라진 800발/분
이다

05. 돌격소총(5)

소구경 모델의 AK-74

제1장 소화기

1974년에 구 소련군에서 채용, 현재도 러시아 연방의 제식 소총으로 사용되고 있는 AK-74는 AK-47 계열을 대체할 돌격소총으로 개발되었다. 가장 큰 특징은 사용탄약의 소구경화로, 5.45mm×39탄을 사용한다.

기존의 AK-47이나 그 근대화 모델인 AKM에서 사용되었던 7.62mm×39탄은 높은 살상력을 지니고 있었으나, 반동이 크고, 탄착점이 안정되지 않는다는 단점이 있었다.

이 때문에 사용 탄약을 소구경탄으로 변경(미군의 M16 소총에서 사용되는 5.56mm×45탄에 자극을 받았다는 점도 있다), AKM을 베이스로 개발된 것이 바로 AK-74였던 것이다.

전장 : 940mm, 중량 : 3,415g, 장탄수 : 30발

● AK-74의 각 부위 명칭

AK-74는 가스압 작동식으로, 총의 우측에 달린 장전 손잡이를 당겨 노리쇠를 움직이면 공이치기가 격발 준비 상태에 들어가며, 이와 동시에 약실에 탄약을 1발 장전한 뒤 폐쇄하면서 발사 준비가 완료된다. 우측 일러스트는 단발 사격으로 방아쇠를 당긴 이후 각 부위의 움직임을 나타낸 것이다. 완전 자동 사격 시에는 노리쇠가 전방으로 움직일 때마다 세이프티 시어가 공이치기를 해방하도록 되어 있어, 방아쇠를 당기고 있는 한 탄환이 연속으로 발사된다.

❶개머리판 ❷조정간 겸 안전장치 ❸복좌 스프링 ❹공이치기 ❺피스톤 연장부(노리쇠 뭉치 포함) ❻노리쇠 ❼공이 ❽약실 ❾가늠자 ❿가스 실린더 덮개/총열덮개(상부) ⓫가스피스톤 ⓬가스포트 ⓭가늠쇠 ⓮머즐 컴펜세이터(소염기) ⓯총열 ⓰꼬질대 ⓱탄창 ⓲탄창멈치 ⓳세이프티 시어 ⓴트리거 시어 ㉑방아쇠 ㉒리시버 ㉓권총손잡이

구 소련제 AKM의 개량 모델을 사용
하고 있는 아프가니스탄군 병사. 레
일 시스템을 설치하여 다양한 액세서
리를 부착할 수 있게 되었다.

▼AK-74의 작동 메커니즘

❾가스압으로 후퇴한 노리쇠가 공이치기를
뒤로 젖혀준다. 후퇴하는 노리쇠는 회전하
면서 탄피를 약실에서 뽑아 배출시킨다.

❼연소 가스의 압력으로
가스피스톤이 후퇴한다.

❻연소 가스는 가스포트를 통해
실린더 내부로 분출된다.

❽가스압으로 인해 뒤로 밀려난 피스톤에
의해 노리쇠 뭉치가 노리쇠와 함께 후퇴했
다가 복좌 용수철에 의해 다시 전진한다.

❺발사된 탄환

❶방아쇠를 당겨
공이치기를 풀어준다.

❸공이가 탄약을
격발시킨다.

❹탄환을 발사할 때의
연소 가스는 대단히 압
력이 높다.

❷풀려난 공이치기가 공이를 때리
면 탄약의 격발이 이루어진다. 공이
치기는 가스압으로 후퇴하는 노리
쇠 뭉치에 의해 다시 젖혀진다.

06. 돌격소총(6)

AK 시리즈의 베리에이션 ②

▼AKSM
(AKM의 금속제 접절식 개머리판 모델)

개머리판을 금속제 접절식 개머리판으로 변경(개머리판의 회전축은 스토퍼를 겸한다)

구경 : 7.62mm×39, 전장 :913mm(개머리판 접었을 시 659mm),
총열 길이 : 435mm, 발사 속도 : 710발/분, 중량 : 3,150g

AKM과 쉽게 구별할 수 있도록 개머리판에 홈이 파여 있다

사이드 스윙 방식으로 접을 수 있는 금속제 개머리판. 개머리판은 프레스 가공한 철판을 조합, 전기 용접한 것이다.

플라스틱제 탄창(30발 들이)

▲AKS-74
(금속제 개머리판)
구경 : 5.45mm×39, 전장 :956mm,
총열 길이 : 475mm, 발사 속도 : 650발/분, 중량 : 3,450g

플라스틱제 개머리판

▼니코노프 AN-94 아바칸

AN-94는 오랜 기간에걸쳐 사용되어온 AK 시리즈(현용 모델은 AK-74M)를 대체하기 위해 개발된 러시아군의 돌격소총. 5.45mm ×39탄을 사용하는 가스압 작동식의 소총이지만, 그 AK 시리 즈와는 다른 조금 독특한 구조이다. 발사 속도가 빠른 2점사 기능을 지니고 있고 성능도 우수했으나, 생산 비용 등의 문제로 소수 채용되는 데 그친 상태. 전장 : 943mm 중량 : 3,850g

5.45mm×39탄 ▶

AK-74에 사용되는 탄환은 탄심 앞부분에 강철, 뒷부분에는 납이 들어 있다. 또한 사이에 특수한 공동을 만들어 두어, 대인 저지력을 높였다는 특징이 있다.

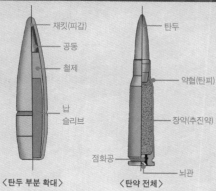

- 재킷(피갑)
- 공동
- 철제
- 납 슬리브

〈탄두 부분 확대〉

- 탄두
- 약협(탄피)
- 장약(추진약)
- 점화공
- 뇌관

〈탄약 전체〉

- 소형 머즐 서프레서를 채용
- 소음기 등을 장착하기 위한 머즐 링이 붙어있다 (초기형 한정)

▼AK-74
(1974년에 채용된 소구경화 모델)

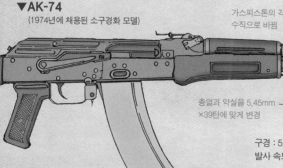

- 가스피스톤의 각도가 수직으로 바뀜
- 총열과 약실을 5.45mm ×39탄에 맞게 변경
- 대형 머즐 서프레서를 채용 (반동을 경감시키며, 발사음을 전방으로 확산시킨다)

구경 : 5.45mm×39, 전장 : 940mm, 총열 길이 : 475mm, 발사 속도 : 650발/분, 중량 : 3,415g

- 총열에 대하여 각도가 급격하게 꺾인 가스 실린더 (총기 작동이 개선되었다)

- 내열 플라스틱제 총열덮개

▲AK-74M
(1991년에 채용된 AK-74의 근대화 버전)

- 식별과 보강을 위해 리브가 들어간 탄창

▶ AKM, AK-74용 총검

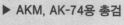

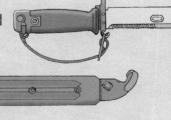

07. 돌격소총(7)

AK 시리즈의 베리에이션 ③

▼알 카즈(이라크)

걸프 전쟁 당시, 이라크에서 생산된 분대지원화기. AK-47을 대형화한 것으로 리시버는 프레스 가공 대신 절삭 가공 방식으로 제작되었다. 7.62mm×39탄을 사용하며, 총열 아래에는 양각대가 장비된 것이 특징.
전장 : 1,024mm, 중량 : 4,200g, 장탄수 : 30발, 발사 속도 : 600발/분

▼AIM(루마니아)

루마니아에서 생산된 AKM의 면허생산모델. 3점사 기능이 추가되어 있다. 총열덮개(하단)이 전방 손잡이와 일체화되어 반동을 제어할 수 있도록 되어 있는 점이 외형적 특징이다.

제1장 소화기
제2장 전투장비
제3장 생존장비
제4장 특수장비
제5장 미래의보병장비

AK 시리즈는 세계 여러 국가에서 제조되고 있으나, 이 중에는 면허 생산 모델부터 무단복제에 가까운 것까지 존재하며, 생산 국가에 따라 조금씩 그 사양이 달라 통일된 규격이 없는 실정이다.

또한 핀란드의 발메 Rk62 소총이나 이스라엘의 갈릴 시리즈 등, AK의 구조를 참고하여 개발된 총기도 많이 찾아볼 수 있다.

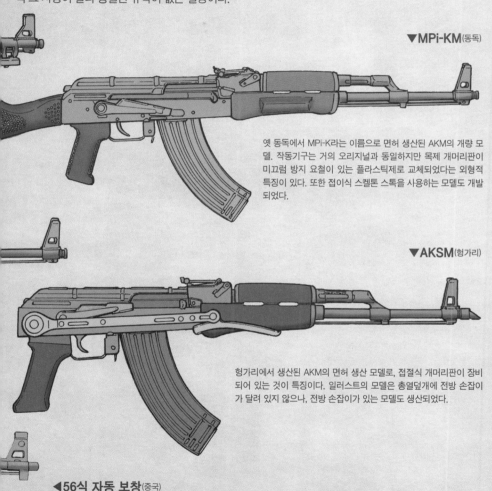

▼MPi-KM(동독)

옛 동독에서 MPi-K라는 이름으로 면허 생산된 AKM의 개량 모델. 작동기구는 거의 오리지널과 동일하지만 목제 개머리판이 미끄럼 방지 요철이 있는 플라스틱제로 교체되었다는 외형적 특징이 있다. 또한 접이식 스켈톤 스톡을 사용하는 모델도 개발되었다.

▼AKSM(헝가리)

헝가리에서 생산된 AKM의 면허 생산 모델로, 접절식 개머리판이 장비되어 있는 것이 특징이다. 일러스트의 모델은 총열덮개에 전방 손잡이가 달려 있지 않으나, 전방 손잡이가 있는 모델도 생산되었다.

◀56식 자동 보창(중국)

소련의 AK-47 Ⅲ형을 중국에서 면허 생산한 돌격소총이 바로 56식 보창步槍.소총. 외형은 물론 작동기구도 AK-47과 거의 동일하지만 총열 아래에 접이식 스파이크 총검이 장비되어 있다는 특징이 있다. 전장 : 892mm, 중량 : 3,900g, 장탄수 : 30발

08. 돌격소총(8)

AK 시리즈의 베리에이션 ④

AK 시리즈는 숙련도가 그리 높지 않은 병사라도 사격이나 분해·정비 등과 같은 소총의 기본 조작 및 관리법을 쉽게 익힐 수 있는데, 총을 처음으로 쥐어보는 사람이라도 1주일 정도면 완전히 마스터 할 수 있을 정도라고 한다. 또한 매우 견고한 구조여서 한랭지는 물론 열대나 사막 등과 같은 환경에서도 확실히 작동할 정도로 신뢰성도 높다.

▼M82 불펍 소총 (핀란드)

핀란드군에서 1962년에 제식 채용한 Rkm62 돌격소총은 AK-47의 구조를 베이스로 하여 개발된 것이었다. 이 Rkm62의 발전형인 Rkm62-76을 불펍 타입으로 발전 개량한 것이 바로 M82 소총으로, 불펍 타입이면서도 리시버를 비롯한 기본 구조는 Rkm62의 것이 거의 그대로 사용되었다는 특징이 있다. 수출용으로 개발되었으나 군용으로는 어느 국가에서도 채용하지 않았다.

▼RPK 분대지원화기 (소련)

7.62mm×39탄을 사용하는 AKM을 분대지원화기로 개조한 총. 긴 총열을 채용하여 총구 초속이 더욱 빨라졌다. 이외에도 접이식 양각대를 채용하고, 개머리판의 형상을 변경했으며, 장시간 연사가 가능하도록 곳곳을 강화하는 등의 개조가 이루어졌으나, 기본적으로는 AKM의 구조가 거의 그대로 사용되었다.

이것은 부품 사이에 충분한 여유를 두도록 설계. 제작된데 더하여 고장을 줄이기 위해 내부 부품을 가능한 한 유닛화하여 구조를 심플하게 만든 덕분으로, 세계 각국에서 생산된 AK의 파생모델들이 공통적으로 지니고 있는 특징이기도 하다.

▼86S식 자동 보창(중국)

중국에서는 1956년에 AK-47 III형을 56식이라는 이름으로 제식 채용한 이래, 노린코NORINCO, 중국 북방 공업 공사에서 생산된 여러 종의 56식 개량 모델을 사용해왔다. 86S는 56식 시리즈 가운데 하나인 56S를 불펍 타입으로 개량, 소총의 소형화를 꾀한 모델이다. 구경 : 7.62mm×39, 전장 : 667mm, 중량 : 3,600g

▲갈릴 AR(이스라엘)

이스라엘의 IMI에서 개발, 1973년부터 이스라엘 군에서 제식 소총으로 사용하고 있는 돌격소총으로 5.56mm NATO탄을 사용한다. 해외에도 수출되었으며 콜롬비아 등의 국가에서도 군 제식 소총으로 사용 중이다. AK-47을 베이스로 개발되었으며, 공이치기, 시어, 방아쇠 등의 작동 기구는 AK-47과 거의 같으며, 작동 방식도 가스압 작동식이다. 전장 : 979mm, 중량 : 4,250g, 장탄수 : 35발

AK-74를 장비한 카자흐스탄군의 장병들

09. 돌격소총(9)

AK의 라이벌 M16 소총

제1장 소화기

제2장 전투장비

제3장 생존장비

제4장 특수장비

제5장 미래의 보병장비

미군의 주력 소총이었던 M14를 대체하는 신형 소총의 개발 계획Project Salvo에 근거하여 개발된 총이 바로 AR15였다. 이것은 경량이면서 소구경으로 단순한 구조를 지니면서도 보다 강력한 위력을 지닌 소총이라고 하는 미군의 까다로운 요구를 실현, 우수한 성능을 보여주었는데, 유

▼AR10

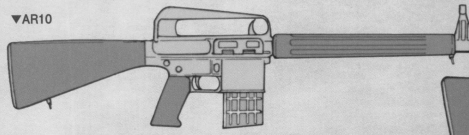

M16 소총의 원조라고 할 수 있는 소총. 이후 베스트셀러가 되는 M16로 이어지는 기본 형태를 엿볼 수 있다. 전장 : 1,020mm, 중량 : 3,350g, 구경 : 7.62mm×54, 장탄수 : 20발

▼M16

육군에 채용된 M16은 중량 경감과 근접 전투에서의 유효성을 증명했지만, 병기국에서의 개조 요구와 베트남 전쟁에서의 작동 불량 사례로 인해 "결함총"이라는 오명을 얻기도 했다.

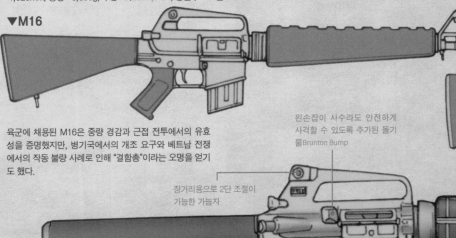

왼손잡이 사수라도 안전하게 사격할 수 있도록 추가된 돌기물Brunton Bump

장거리용으로 2단 조절이 가능한 가늠자

내충격성 나일론을 채용하여 강회된 권총손잡이와 개머리판

반대쪽에서도 조정간의 위치를 알 수 있도록 개량되었다.

진 스토너가 설계한 AR15는 5.56MM 소구경 탄약을 사용하며 *룽만Ljungman식이라고 불리는 가스압 작동 방식을 채용한 것이 특징이었다. AR15는 M16이라는 이름으로 베트남 전쟁에 투입되었는데, 여기서는 작동 불량을 비롯한 문제의 속출로 인해 "결함총"이라는 오명을 얻게 되었다. 이후 대폭적인 개량이 이뤄지면서 1967년에는 M16A1이라는 이름으로 제식 채용되었다. 이후에도 다수의 실전 경험에 의해 지속적인 개량이 이뤄진 M16은 수많은 베리에이션 모델이 만들어졌으며, 옛 공산진영을 대표하는 AK와 함께 돌격소총이라는 장르에서 쌍벽을 이루는 존재로 정착하게 되었다.

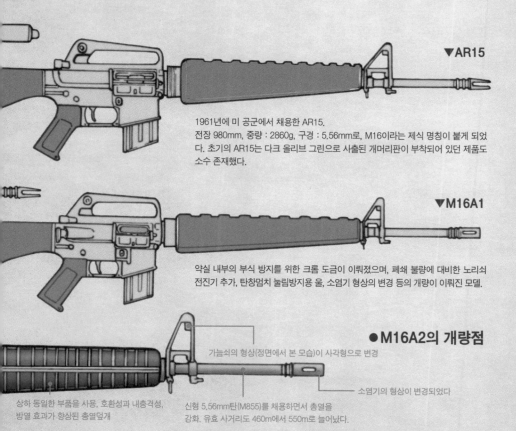

▼AR15

1961년에 미 공군에서 채용한 AR15.
전장 980mm, 중량 : 2860g, 구경 : 5.56mm로, M16이라는 제식 명칭이 붙게 되었다. 초기의 AR15는 다크 올리브 그린으로 사출된 개머리판이 부착되어 있던 제품도 소수 존재했다.

▼M16A1

약실 내부의 부식 방지를 위한 크롬 도금이 이뤄졌으며, 폐쇄 불량에 대비한 노리쇠 전진기 추가, 탄창멈치 눌림방지용 울, 소염기 형상의 변경 등의 개량이 이뤄진 모델.

●M16A2의 개량점

가늠쇠의 형상(정면에서 본 모습)이 사각형으로 변경

소염기의 형상이 변경되었다

상하 동일한 부품을 사용, 호환성과 내충격성, 방열 효과가 향상된 총열덮개

신형 5.56mm탄(M855)를 채용하면서 총열을 강화. 유효 사거리도 460m에서 550m로 늘어났다.

이외에도 3점사 기능(방아쇠를 계속 당긴 상태라도 3발이 발사된 뒤에 사격이 중단되는 기능. 여기에 대해서는 명중률이 떨어진다는 등의 논란이 있다)가 추가되었다.

*Ljungman System=「Direct impingement gas system」이라고도 불리는 가스압 작동방식의 일종. 독립된 가스피스톤이나 실린더가 없이 발사약의 연소 가스를 직접 기관부로 불어넣는 방식으로 기관부가 쉽게 오염된다는 단점이 있는데, 이는 M16에서 발생했던 작동 불량의 원인으로도 알려져 있다.

10. 돌격소총(10)

M16 시리즈의 베리에이션

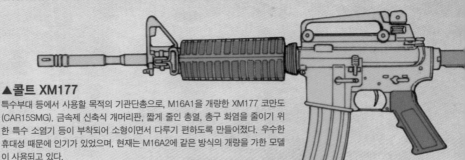

▲콜트 XM177

특수부대 등에서 사용할 목적의 기관단총으로, M16A1을 개량한 XM177 코만도 (CAR15SMG). 금속제 신축식 개머리판, 짧게 줄인 총열, 총구 화염을 줄이기 위한 특수 소염기 등이 부착되어 소형이면서 다루기 편하도록 만들어졌다. 우수한 휴대성 때문에 인기가 있었으며, 현재는 M16A2에 같은 방식의 개량을 가한 모델이 사용되고 있다.

▲콜트 M653

콜트 사가 수출용으로 개발한 M16A1의 카빈 모델로, 이스라엘이나 필리핀에서 채용되었다. 또한 미국 내에서는 FBI나 경찰 기관에서 사용된 바가 있다. 코만도 모델과 카빈 모델은 거의 동일하지만 총열 길이가 다르다.

▼M16A4

M16A2를 베이스로 리시버 윗면에 피카티니 레일을 추가, 캐링 핸들(운반 손잡이) 부분을 탈착식으로 바꿨으며, 3점사와 자동 사격이 가능하게 되었다(단, 각기 별개의 모델임). 또한 총열덮개부분에는 레일 시스템 RAS를 장착하여 *MWS화했다.

*MWS=Modular Weapon System의 약어.

M16은 본체에 알루미늄 합금과 플라스틱을 많이 사용하여, 처음 등장했던 1957년 당시 기준으로 대단히 혁신적인 형태의 소총이었다. 한때는 "걸함총"이라 불리기도 했으나 개량을 거듭한 끝에 걸작 군용 소총이라는 평가를 받게 되었으며 전장을 짧게 줄인 카빈 모델 등, 다양한 파생형이 만들어지고 있다.

▼콜트 M607
M16(콜트 사 생산 라인 명 : M605)의 총열을 단축하고 신축식 개머리판을 장비한 모델. 원래는 차량 승무원용으로 개발된 모델로, 보병용은 아니었다.

▲콜트 M723
콜트 사에서 개발·판매한 일련의 카빈 모델 가운데 하나. M16A2를 베이스로 한 완전 자동 모델이며, 이와 동일하게 A2를 베이스로 한 자매 모델로 M725가 있는데 이쪽은 3점사기능이 적용된 모델이다. 일러스트의 모델에 장착된 드럼 탄창 C-MAG는 장탄수를 늘리기 위해 개발된 것으로 콜트 사의 오리지널은 아니다. 거의 100발 가까이 되는 탄약을 장전할 수 있다.

11. 돌격소총(11)

제1장 소화기

제2장 전투장비

제3장 생존장비

제4장 특수장비

제5장 미래의 보병장비

M16 시리즈의 최고 걸작 M4A1

M16A2의 총열을 줄이고 개머리판을 신축식으로 바꾸는 등의 개량을 가해 만들어진 M4카빈은 1994년에 미군의 제식 화기로 채용되었다. 하지만 여기에 그치지 않고 추가적인 개량이 이루어지면서 US SOCOM미합중국 특수전 사령부에서 특수부대용 소화기로 1996년에 제식화한 것이 바로 M4A1으로, 현재 M4A1은 미국의 특수부대 뿐 아니라 세계 각국의 특수부대에서 사용되고 있으며, 심지어는 미국에 대하여 강한 라이벌 의식을 지니고 있는 프랑스군 특수부대에서까지 사용하고 있을 정도이다.

운반 손잡이

M4A1은 미국이나 유럽인들의 체형에 맞는 크기로, 다루기 쉬우며 휴대하기도 편리한 M16 시리즈의 여러 베리에이션들 중에서도 최고의 걸작으로 꼽히고 있다. 가장 큰 특징은 운반 손잡이가 탈착식이라는 점으로, 손잡이를 제거한 자리에 위치한 피카티니 레일에 조준 장치 등의 각종 액세서리를 부착할 수 있다. 또한 RISRail Interface System의 채용으로 레이저 포인터나 야시 장비 등도 장착할 수 있다.

▶M4A1의 각부 명칭

❶소염기 ❷가늠쇠 ❸가스포트 ❹가스 튜브 ❺포어 암/총열덮개(총열 덮개) ❻약실 ❼노리쇠 ❽노리쇠 뭉치 ❾캠 핀 슬롯 ❿운반 손잡이 ⓫가늠자 ⓬장전 손잡이 ⓭완충기 ⓮완충기용수철 ⓯신축식 개머리판 ⓰테이크 다운 핀(분해못) ⓱오토매틱 시어(연발자) ⓲조정간 ⓳디스커넥트 시어 ⓴방아쇠 ㉑트리거 시어(단발자) ㉒피벗 핀(총몸 분리못) ㉓배럴 너트(총열 잠금 너트) ㉔버티컬 포어 그립(수직 전방 손잡이) ㉕총열 ㉖멜빵 고리

●M16 시리즈의 작동 시스템

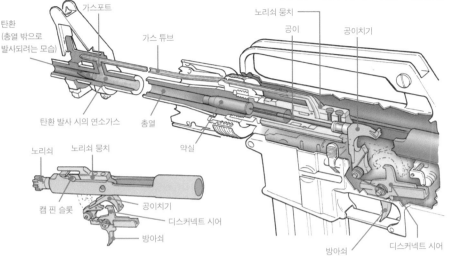

가스포트
탄환
(총열 밖으로
발사되려는 모습)
가스 튜브
노리쇠 뭉치
공이
공이치기
탄환 발사 시의 연소가스
총열
약실

노리쇠
노리쇠 뭉치
공이치기
캠 핀 슬롯
디스커넥트 시어
방아쇠
방아쇠
디스커넥트 시어

M16 시리즈의 경우, 장전 손잡이를 당기면 노리쇠 뭉치가 뒤로 후퇴하면서 탄약이 약실에 장전되고, 동시에 공이치기의 후
퇴 . 고정이 이루어진다. 이후 약실은 노리쇠 뭉치가 전진, 노리쇠 앞부분이 회전하면서 약실을 폐쇄하여 발사 준비를 마치게
된다. 이 상태에서 방아쇠를 당겨 시어가 공이치기를 풀어주면 공이치기가 공이를 때려 탄환이 발사된다.
한편, 발사약의 연소 가스는 가스 튜브를 통해 노리쇠 뭉치에 직접 분사되며 이 힘은 노리쇠 뭉치를 후퇴시키는데, 노리쇠는
노리쇠 뭉치에 파인 홈(캠 핀 슬롯)에 의해 회전한 뒤 후퇴하며 약실을 개방, 빈 탄피의 추출과 축출을 실시한다.

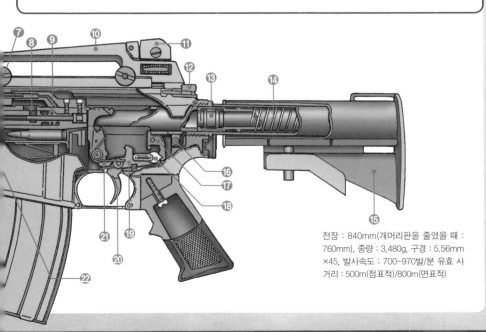

전장 : 840mm(개머리판을 줄였을 때 :
760mm), 중량 : 3,480g, 구경 : 5.56mm
×45, 발사속도 : 700~970발/분 유효 사
거리 : 500m(점표적)/800m(면표적)

12. 돌격소총(12)

오소독스하면서도 혁신적이었던 G36

독일 연방군은 1996년에 H&K Heckler & Koch 사가 1988년부터 독자적으로 개발해온HK50을 G36 이라는 이름으로 채용했다.

G36은 H&K 사의 총기들이 전통적으로 사용했던 롤러 로킹식 지연 블로우백 방식 대신 가스 압 작동 방식이 채택된 총이다. 흔히 말하는 가스 압 작동 회전 노리쇠 방식(M16에도 채용된 작동 시스템이지만 G36에는 피스톤 로드가 사용된다

는 점에서 차이가 있다)를 사용, 구조적으로는 대단히 오소독스한 총이라 할 수 있다.

하지만 총의 리시버 부분과 그 외 여러 부품에 유리 섬유와 폴리머 소재를 다용(심지어는 공이 치기에도 사용되었다)했으며, 광학 조준기와 도 트 사이트로 구성된 조준 시스템을 소총 본체에 표준 장착하고 냉간 단조 방식의 총열을 사용하는 등, G36은 당시까지 독일의 주력이었던 G3

● G36K의 구조

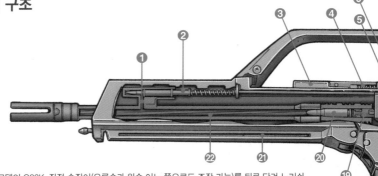

일러스트는 카빈 모델인 G36K. 장전 손잡이(오른손과 왼손 어느 쪽으로도 조작 가능)를 뒤로 당겨 노리쇠 뭉치를 후퇴시키면 공이치기가 코킹된다. 후퇴되었던 노리쇠 뭉치는 복좌 용수철에 의해 다시 전방으로 되돌아가면서 탄약을 장전한 뒤 약실을 폐쇄하는데, 이때 노리쇠가 회전하면서 폐쇄 돌기가 약실 뒷부분 에 맞물려 약실 폐쇄를 완전하게 만들며, 이 과정을 통해 발사 준비가 완료된다. 방아쇠를 당기면 공이치기 가 공이를 타격하며, 공이가 탄약 뒷부분의 뇌관을 찔러 탄환이 발사된다. 이때 발생한 연소 가스는 가스포 트 내부를 통해 피스톤이 있는 쪽으로도 분출, 이 압력으로 피스톤이 움직이면서 노리쇠 뭉치를 후퇴시킨 다. 노리쇠 뭉치의 후퇴에 의해 노리쇠가 회전한 뒤 후퇴하면서 약실을 개방, 빈 탄피를 끄집어내어(추출) 배출하게 된다. 후퇴하는 노리쇠 뭉치는 공이치기를 후퇴(코킹)시키며 다시 전진하여 새 탄약을 약실에 장 전하여 차탄 발사 준비가 끝나는데 이 과정을 반복하며 사격이 이루어진다. 단발 사격의 경우 방아쇠로 공 이치기를 제어하게 되며 연발 사격 시에는 사수가 방아쇠를 계속 당기고 있거나 탄약이 전부 소모될 때까 지 연발자가 공이치기를 제어한다.

구경 : 5.56mm, 전장 : 860mm(개머리판을 접었을 때 : 615mm), 중량 : 3,300g, 발사 속도 :750발/분

자동소총과는 크게 다른 혁신적인 소총으
로 완성되었다.

H&K G36은 독일 연방군의 현용 제식 돌격소
총으로, 기본 모델인 G36(사진) 외에도 G36K
(총열 길이를 320mm로 단축시킨 카빈 모델),
G36C(특수부대용으로 총열을 228mm까지 줄
이고 총열 덮개 대신에 피카티니 레일을 부착
한 초소형 모델) 등도 사용되고 있다. 사진의
병사는 모두가 플레크타른Flecktarn패턴의 커버
를 씌운 B862 방탄 헬멧을 쓰고 있으며, 마찬
가지로 플레크타른 패턴의 전투복을 착용하고
있다.

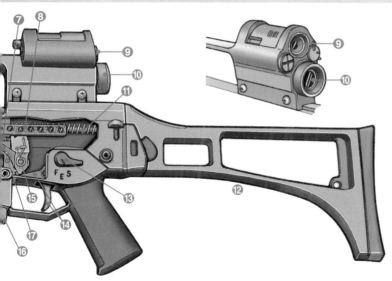

❶가스포트 ❷피스톤 로드 ❸코킹 레버(장전 손잡이) ❹코킹 스프링 ❺코킹 볼트 ❻볼트 캐리어(노리쇠 뭉치) ❼공
이 ❽볼트 캐리어 슬라이드 가이드 ❾콜리메이터 사이트(중앙 부분에 붉은 점이 표시된다) ❿광학 조준기(3배율이
며 간단한 거리 측정 기능이 있다) ⓫복좌 용수철 ⓬접이식 개머리판(접은 상태에서 사격하더라도 탄피 배출 가능)
⓭조정간 ⓮방아쇠 및 방아틀 뭉치 ⓯공이치기 ⓰탄창 멈치 ⓱시어 ⓲반투명 강화 플라스틱제 30발 들이 탄창 ⓳로
킹 볼트 ⓴약실 ㉑액세서리 부착용 레일 ㉒총열

13. 돌격소총(13)

제1장 소화기

제2장 전투장비

제3장 생존장비

제4장 특수장비

제5장 미래의 보병장비

불펍식 소총의 구조

L85A1은 1985년에 영국군이 L1A1(FN FAL)을 대신할 제식 소총으로 채용한 돌격소총으로, 프레스 가공으로 제작되었으며 불펍Bullpup식 구조를 하고 있다는 특징이 있다.

불펍식 소총은 총열 길이를 줄이지 않으면서도 종래의 소총보다 전장을 짧게 만들 수 있다는 이점을 지니고 있는데, 총열의 길이를 줄일 필요가 없기 때문에 탄환의 위력이나 사거리를 떨어뜨리지 않아도 되며 종래의 소총보다 콤팩트한 덕분에 휴대와 사용도 훨씬 편리하여 시가전 등

● G36K의 구조

L85A1은 가스압 이용식 돌격소총이다. 장전 손잡이를 뒤로 당겨 노리쇠를 후퇴시키면 공이치기의 용수철이 압축되며, 다시 노리쇠를 전진시키면 탄약이 약실에 장전되는데 이 상태에서 노리쇠가 약실을 폐쇄하면 발사 준비가 끝난다. 방아쇠를 당기면 공이치기가 해방되면서 탄약을 격발시키며 이때 발생한 연소 가스가 가스 플러그를 통해 가스 실린더로 분사되는데, 연소 가스의 압력으로 피스톤 로드가 후퇴하면 노리쇠 뭉치를 통해 피스톤 로드와 접하고 있던 노리쇠도 약실의 폐쇄를 풀고 후퇴하면서 탄피의 추출 및 배출을 실시한다. 마지막으로 복좌 용수철의 힘으로 노리쇠가 전진하면서 다음 탄을 장전, 약실을 다시 폐쇄하게 된다.

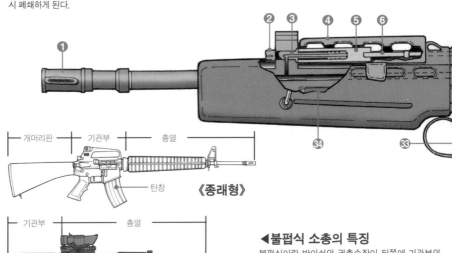

《종래형》

개머리판　기관부　총열

탄창

《불펍식》

기관부　총열

탄창

◀불펍식 소총의 특징

불펍식이란 방아쇠와 권총손잡이가 뒤쪽에 기관부와 탄창이 배치되어 있는 방식으로, 돌격소총의 외형을 크게 바꾼 디자인이다. L85는 기존의 다른 소총보다 약 200mm 정도 더 짧은데 무게는 4,650g으로 오히려 조금 더 무거워졌다.

에서 훨씬 유리하게 싸울 수 있다. L85A1은 걸프 전쟁 당시에 작동불량 등의 문제를 다수 일으켰는데, 현재의 영국군에서는 이를 대폭적으로 개수한 L85A2를 사용하고 있다.

불펍식 소총은 전장이 짧아지면서 *조준선(가늠자와 가늠쇠 사이의 거리)도 같이 짧아지는 단점이 있다. 그래서 L85에는 4배율 광학 조준경(SUSAT)를 표준으로 장비하고 있다.
또한 불펍식 소총의 경우 탄피 배출구가 사수 얼굴 근처에 오기 때문에 리시버 측면(대부분 오른쪽에 설치)에 배치할 수 밖에 없는데 이러한 문제로 왼손잡이 사수들이 사용에 불편을 겪기도 한다.

❶소염기 ❷가스 조절기 ❸가스 플러그 ❹총열 덮개 ❺가스 실린더 ❻가스 피스톤 로드 ❼광학 조준기 ❽좌우 편차 조절 다이얼 ❾가스피스톤 스프링 ❿조준기 고정구 ⓫약실 ⓬가늠자(광학 조준기 파손 대비용)

⓭상하 편차 조절 다이얼 ⓮노리쇠 뭉치 ⓯공이 ⓰공이 멈치 ⓱볼트 가이드 ⓲리코일 로드 ⓳버트 플레이트(어깨 받이) ⓴차단 시어 ㉑메인시어 ㉒시어 스프링 ㉓공이치기 ㉔세이프티 시어 ㉕캠 스터드 ㉖탄약 ㉗탄창멈치 레버 ㉘탄창 ㉙이젝터(차개) ㉚총열 연장부 ㉛방아쇠울 ㉜총열 ㉝방아쇠 ㉞방열판

*조준선=이 거리가 길수록 조준이 정확해진다.

14. 돌격소총(14)

프랑스의 불펍식 소총

1977년에 프랑스군 제식 돌격소총으로 채용된 FA-MAS는 5.56mm×45 탄약을 사용하는 불펍식 소총으로 프랑스적 개성이 담겨있는 총이다. 이 소총은 1979년부터 납입이 시작되었는데 최초의 표준 모델은 FA-MAS F1이라 불리고 있다.

표준 모델의 경우에는 양각대가 표준으로 장비되어 있으나 총열을 짧게 줄이고 양각대를 폐지한 코만도 카빈 모델도 제작되었다. 또한 방아쇠울을 대형화하여 권총손잡이 끝부분까지 연장(장갑을 착용한 상태에서의 소총 조작을 고려했음)시킨 모델도 개발된 바 있다.

●FA-MAS F1의 구조

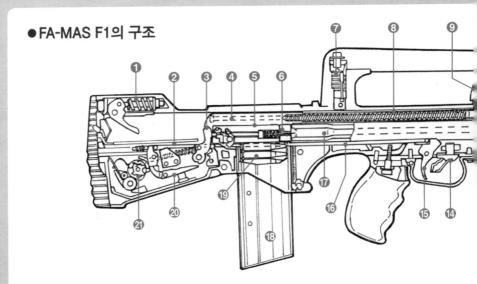

FA-MAS F1의 노후화에 따라 1994년부터 새로이 배치 개시된 것이 사진의 FA-MAS G2 모델이다. 외형적으로는 대형화된 방아쇠울과 30발 들이 탄창, 내부 구조적으로는 분당 발사속도가 100발 정도 빨라졌다는 특징이 있다.

FA-MAS를 휴대한 프랑스군 병사. 불펍식 돌격소총은 보병들이 APC병력수송 장갑차의 좁은 차내에서도 사격할 수 있도록 개발된 것이었다. 전장을 짧게 줄이면서 조준선도 같이 줄어들어 조준 정밀도가 떨어지는 것은 불펍식 총기의 공통적인 단점인데 오스트리아의 슈타이어 AUG의 경우에는 운반 손잡이 부분에 1.5배율 광학 조준기를 표준 장비하고 있다.

FA-MAS F1의 사격 모드는 반자동과 자동으로, 방아쇠 앞에 설치된 조정간(안전 장치를 겸하고 있다)로 전환 가능하다. 또한 개머리판을 겸하는 기관부에는 일러스트와 같이 3점사 기구를 넣을 수도 있다. 전장 : 757mm, 중량 : 3,610g, 장탄수 : 25발

❶버트 플레이트 스프링 ❷방아쇠 작동 막대 ❸공이치기 ❹노리쇠 뭉치 ❺노리쇠 ❻공이 ❼가늠자 조절기 ❽복좌 용수철 및 뭉치 ❾장전 손잡이 ❿일체화된 리시버와 운반 손잡이 ⓫가늠쇠 ⓬양각대 ⓭총열 ⓮조정간(안전/사격 모드 설정) ⓯방아쇠 ⓰방아쇠 작동 막대 ⓱약실 ⓲탄창 ⓳5.56mm×45 탄약 ⓴시어 ㉑3점사 기구

프랑스군 선진 보병 시스템 FELIN의 화기 서브 시스템 (사격 조준 장치 및 야시 장치를 일체화한 것)을 장착한 FA-MAS.

15. 돌격소총(15)

일본 자위대의 64식 소총과 89식 소총

일본 자위대의 돌격소총은 64식 소총과 *89식 소총의 두 종류가 있다. 1964년에 제식으로 채용된 64식 소총은 제2차 세계대전 이후 처음으로 채용된 일본 자국산 소총이었는데 채용 당시에는 (유사시 탄약의 호환성을 고려하여) 미군의 M14 소총과 같은 규격인 *7.62mm×51 탄약을 채용했다. 이 소총은 1989년에 89식 소총이 채용되기 전까지 약 23만정이 생산되었으며 자위대 외에

해상 보안청에서도 채용한 바가 있다. 또한 64식 소총은 62식 기관총과도 탄약을 호환할 수 있다.

89식 소총은 64식 소총의 후계로 개발된 돌격소총이다. 돌격소총의 소구경화라는 세계적 흐름에 맞춰 5.56mm×45 탄약을 사용하며, M16 소총과 공통인 NATO 규격을 따르고 있어, M16 시리즈와 호환되는 NATO 표준 STANAG 탄창을 사용하고 있다.

▶64식 소총

64식은 반자동과 자동 사격(발사 속도 500발/분)이 가능하며 명중률이 높은 편이지만 일본인의 체격을 감안하면 역시 7.62mm 탄약을 자동으로 사격할 경우 총구 제어가 매우 까다로울 것으로 보인다. 전장 : 990mm, 중량 4,400g

*89식 소총=자위대 이외에도 해상 보안청의 특수 경비대인 SST나 경찰의 특수부대인 SAT에서도 사용되고 있다.
*7.62mm×51 탄약=반동을 줄이기 위해 일본 자위대의 경우 장약을 줄인 약장탄을 사용하고 있다.

설상 위장복을 착용하고 훈련 중인 모습. 89식 소총 끝에 총검이 부착되어 있는 것으로 보아 사격 하면서 돌격 훈련을 실시 중인 것으로 보인다. 소총 옆에 달린 것은 빈 탄피를 회수하기 위한 탄피받이Brass catcher, 한국군에서는 '탄피회수기'라고 한다. 일본 육상자위대에서는 89식 소총을 주력으로 쓰고 있으나, 육상자위대에서도 예비 자위관, 그리고 해상 및 항공 자위대에서는 여전히 64식이 현역의 자리를 지키고 있다.

◀89식 소총
89식은 반자동과 자동(발사 속도 750발/분)에 더하여 3점사(방아쇠를 당길 때마다 3발씩 발사)가 가능하다. 리시버는 프레스 가공으로 제작되었으며 고정식 개머리판을 쓰는 모델 외에 공수부대에서 사용하는 접철식 개머리판 모델도 존재한다. 전장 : 916mm에 중량 : 3,500g으로 64식과 비교했을 때 훨씬 슬림하며 부품수도 대폭적으로 줄어 생산성과 정비성도 높아졌다. 가격은 1정 당 20~30만 엔 정도로, 약 17만 엔인 64식보다 훨씬 고가이다.

*가격=생산수에 따라 가격은 달라진다. 예를 들어 대량으로 발주한다면 1정당 가격은 낮아진다.

16. 돌격소총(16)

특수부대에서 평가가 높은 FN SCAR

1980년대의 소재 혁명은 새로운 총기의 탄생 계기가 되었다. 이러한 변화의 연장선상에서 미 육군 특수부대의 제식 소총으로 사용하기 위해 개발된 것이 FN SCAR(특수부대용 전투 돌격소총)이다.

당초에는 FN사의 FNC 돌격소총의 개량형으로 설계되었지만 개량을 거듭하는 과정에서 생산형인 SCAR는 초기와는 거의 다른 물건이 되어 버렸다.

FN SCAR는 형태를 자유롭게 만들 수 있는 합성소재(고분자화합물의 강화 플라스틱) 등의 신소재를 채용하여 인체공학을 바탕으로 인간의 몸에 맞는 형태로 디자인되었다. 이로 인해 자연스러운 견착이 가능하며, 반동도 크게 줄여 사격 시의 정확도도 향상되었다.

FN SCAR-H CQC로 사격중인 미 해군 특수부대 SEALs 대원.
이 총은 세계 각지에서 사용되는 AK-47 시리즈의 7.62mm x 39탄도 사용할 수 있다.
적의 탄약을 사용할 수 있다는 점을 이용, 적지에 침투하여 은밀활동을 실시하는 특수부대가 만에 하나 교전에 들어가는 경우에도 적과 같은 총소리가 나기 때문에 아군의 위치와 숫자 등을 기만할 수도 있다.

▼FN SCAR-L 초기 시제품

특수부대에서 사용하는 다양한 액세서리를 장착할 수 있는 어퍼 리시버와 총열덮개에는 피카티니 레일이 설치되어 있다.

양산 모델과는 조정간과 탄창 멈치의 형태가 다르다.

시제품도 사수의 몸에 맞춰 개머리판의 길이를 조절하는 기능과 접이식 기능이 추가되어 있어 양산 모델과는 다른 모습을 하고 있다.

M-16과 동일한 소염기(총구에서 발사되는 화염을 억제하며 발사음의 방향을 적이 알기 어렵게 하는 효과가 있다.)

FN FNC의 영향이 남아 있는 로워 리시버의 형태

FN FNC 방식의 권총손잡이

*SCAR=Special operations forces Combat Assault Rifle의 약어. *CQC=Close Quarters Combat의 약어

●FN SCAR의 특징

SCAR는 5.56mmx45 NATO탄을 사용하는 Mk-16 SCAR- L(Light)과 7.62mmx51 NATO탄을 사용하는 Mk.17 SCAR-H(Heavy)의 두 종류가 있다.

양자는 구경과 총열 길이, 용도가 다르지만 분해. 정비와 조작 방법은 동일하며 별도의 공구 없이도 분해 가능하다.

▼FN SCAR-L 시제품

양산 모델과 같은 형상의 개머리판

가늠자와 가늠쇠의 형상이 양 산 모델과 다르다

총열 고정핀의 삽입구 형상이 양산 모델과 다르다

M16 타입의 소염기

알루미늄을 절삭 가공한 로워 리시버

M16 타입의 권총손잡이

EGLM(FN40GL) 40mm 유탄발사기. FN F2000의 GL1 을 베이스로 개발된 전용 유탄발사기로 실제 양산 모델인 Mk.13과는 약간 형상이 다르다.

▼FN SCAR-L(Mk.16)
(최신 생산분)

개머리판 접이용 힌지. 접었을 때의 전장은 533.4mm

좌우 어느 쪽에서도 조작 가능한 장전 손 잡이(Ambi-Charging Handle)

총몸 상단(어퍼 리시버)와 총열덮개(핸드 가드)에 피 카티니 레일을 부착

접이식 가늠자 (전방으로 접힘)

사수 체형에 맞춰 상하 조절이 가능한 칙 피스(뺨 받이)

플로팅 배럴화가 이뤄진 총열

6단계로 길이 조절 이 가능한 신축식 개머리판(길이를 825.5~889mm까 지 조정 가능)

M16 타입의 권총손잡이

좌우 양쪽에서 조작 가능한 조 정간

합성수지로 만들어진 30발 들이 탄창

M16타입보다 대형화된 소염기

M16타입보다 대형화된 소염기

초기 모델에서는 알루미늄 절삭 가공이었던 로워 리시버는 최신 모델로 들어서면서 합성수지로 변경되었고 이에 따라 리시버 전체가 합성수지제로 바뀌었다.

▼FN SCAR-H(Mk.17)
(최신 생산분)

작동 불량에 대비한 가스압 조절 마개를 설치(SCAR-L 에도 설치)

7.62mm 탄약을 사 용할 수 있도록 강화된 로워 리시버

7.62mm×51 NATO탄용 총열

훨씬 큰 탄약을 사용하기 때문에 소염기도 대형화. 형태도 SCAR-L 과는 크게 다르다

7.62mm×51 NATO탄

5.56mm×45 NATO탄

합성수지로 만들어진 30발 들이 탄창(5.56mm×45 NATO탄을 사 용하는 SCAR-L과7.62mm×51 NATO탄을 사용하는 SCAR-H 사이 의 가장 큰 외형적 차이점은 탄창의 크기가 다르다고 하는 점이다. SCAR-H로 오면서 탄창도 크게 강화되었다)

17. 돌격소총(17)

제1장 소화기

제2장 전투장비

제3장 생존장비

제4장 특수장비

제5장 미래의 보병장비

범용성이 우수한 FN SCAR

FN SCAR는 5.56mm×45 NATO탄 이외에도 6.8mm SPC탄이나 훨씬 구경이 크고 중량이 나가는 7.62mm×51 NATO탄을 사용할 수 있는 베리에이션 모델이 있다. 이렇게 다양한 탄약을 사용할 수 있게 된 이유로는 1991년 발발한 걸프 전쟁 이후, 총격전에서 극도로 흥분한 적 전투원을 5.56mm×45 NATO탄으로는 1발로 무력화시키기가 어려웠던 사례가 속출하면서 5.56mm 탄약의 위력 부족 문제가 제기되었다는 점을 들 수 있다.

FN SCAR에는 세 가지 종류의 교환용 총열(SCAR-L의 경우 CQC : 245mm, STD : 355mm, LB : 457mm가 있으며, SCAR-H에는 CQC : 330mm, STD : 406mm, LB : 508mm)가 준비되어 있는데, 이는 임무에 맞춰 다른 총을 사용하기 보다는 총열을 교환하는 것만으로 근접 전투에서 장거리 사격까지 대응할 수 있도록 하는 것이 훨씬 편리하기 때문이다.

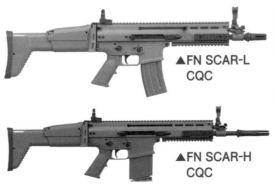

▲FN SCAR-L CQC

▲FN SCAR-H CQC

FN SCAR의 여러 버전들 중에서도 가장 전장이 짧은 SCAR-L CQC(전장 : 723.9~784.7mm, 개머리판을 접었을 때 533.4mm)와 SCAR-H CQC(전장 825.5~889mm, 개머리판을 접었을 때 635mm). 시가전과 같은 근접 전투 상황에서 다루기 편리하도록 총열을 짧게 줄인 모델로, 총열 길이 이외의 다른 부분은 동일하지만 사거리나 명중률에 다소 차이가 있다.

●FN SCAR의 부품 구성

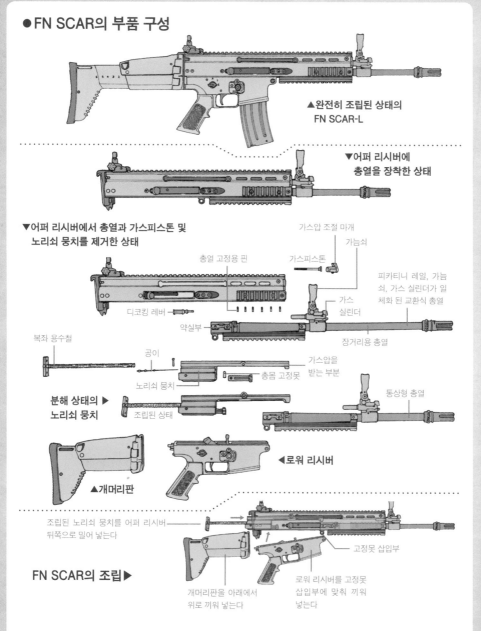

▲완전히 조립된 상태의 FN SCAR-L

▼어퍼 리시버에 총열을 장착한 상태

▼어퍼 리시버에서 총열과 가스피스톤 및 노리쇠 뭉치를 제거한 상태

가스압 조절 마개

가늠쇠

가스피스톤

총열 고정용 핀

피카티니 레일, 가늠쇠, 가스 실린더가 일체화 된 교환식 총열

디코킹 레버

가스 실린더

약실부

장거리용 총열

복좌 용수철

공이

가스압을 받는 부분

노리쇠 뭉치

총몸 고정못

분해 상태의 ▶ 노리쇠 뭉치

조립된 상태

통상형 총열

▲개머리판

◀로워 리시버

조립된 노리쇠 뭉치를 어퍼 리시버 뒤쪽으로 밀어 넣는다

고정못 삽입부

FN SCAR의 조립▶

개머리판을 아래에서 위로 끼워 넣는다

로워 리시버를 고정못 삽입부에 맞춰 끼워 넣는다

SCAR는 비교적 단순한 가스압 작동식으로 가스피스톤에 노리쇠 뭉치(노리쇠와 갈퀴가 수납된다)의 앞부분이 접촉되는 구조로 되어 있는데, 발사 시에 발생하는 가스압으로 노리쇠가 후퇴하도록 되어 있다. 총열과 피스톤 등이 수납되는 어퍼 리시버에는 레일 시스템이 부착되어 있으며 방아틀 뭉치와 탄창 삽입구가 일체화 되어 있는 로워 리시버 부분은 M4와 상당히 비슷하다.

18. 돌격소총(18)

특수부대용 소총의 특징은?

현재 대규모 전쟁은 일어나고 있지 않다. 하지만 빈발하는 지역 분쟁이나 대테러전 등에 특수부대가 투입되는 케이스가 늘어나고 있는데, 이는 일반 보병 부대보다도특수부대 쪽이 다양한 임무나 작전에 보다 잘 적응할 수 있기 때문이다. 이러한 이유에서 세계 각국에서는 가혹하고 어려운 임무를 수행할 수 있도록 각종 장비 및 기재, 무장을 특수부대에 최우선적으로 지급하고 있으며 특수부대용 돌격소총까지 개발되고 있을 정도이다.

특수부대용 돌격소총으로는 FN의 SCAR, 로빈슨 아머먼트의 XCR, 그리고 그 뒤를 이어 H&K의 HK416 등이 있는데, 세 모델 모두 5.56mm×45 NATO탄에 더하여 6.8mm SPC탄, 그리고 보다 구경이 크며 무거운 탄자의 7.62mm 탄약을 사용 가능한 베리에이션이 있다는 공통점이 있다.

높은 파괴력을 자랑하는 바렛 M468 돌격소총을 휴대한 SEALs 대원. 특수부대용 돌격소총의 경우 방탄복을 착용한 적이라도 1발에 무력화시킬 수 있는 대인 저지력을 지닌 탄약을 발사할 수 있을 것을 요구받고 있다.

●돌격소총용 탄약의 크기 비교

❶ 7.62mm×51 NATO탄
❷ 7.62mm×39 러시안탄
❸ 5.56mm×45 NATO탄
❹ 6.8mm×43 SPC탄

●특수부대용으로 개발된 돌격소총

▲XCR

로빈슨 아머먼트의 XCR은 AK-47과 마찬가리로 비교적 단순한 가스압 이용 방식을 사용하고 있으며 가스피스톤이 노리쇠 뭉치에 직결된 구조로 되어 있다. 접이식 개머리판도 특징적이지만 가장 큰 특징은 역시 견고한 작동 구조로, 총열을 교환하는 것만으로 5.56mm×45 NATO탄, 7.62mm×39 러시안, 6.8mm SPC탄을 사용할 수 있다는 점일 것이다. 유효 사거리는 사용 탄약에 따라 다르지만 대략 300~600m 정도이다.

▲HK416(D10RS)

▼HK416(D145RS)

HK416은 일찍이 영국 L85A1 소총의 개량을 진행시킨바 있던 H&K가 미군이 사용하는 M4 카빈의 개수 의뢰를 받아 완성시킨 근대화 개수 모델 HKM4를 원형으로 하는 소총이다. 이 모델은 최종적으로 HK416이라고 명칭이 변경되었으며 D10RS(숏 배럴 모델)와D145RS(롱 배럴 모델)이라는 두 종류의 모델이 존재한다. HK416은 언뜻 보기에 M4 카빈 기본 모델에 피카니티 레일 시스템을 장착한 것과 별 차이가 없어 보이지만 실제로는 H&K의 전작인 G36이나 XM-8과 같은 방식의 가스압 작동 구조가 도입되어 있어 노리쇠의 작동 방식도 조금 바뀌었다. D10RS와 D145RS 모두 5.56mm×45 NATO탄을 사용하는데 신형 탄약인 6.8mm SPC탄을 사용하는 모델도 개발되어 있다.

▼바렛 M468(REC7)

바렛Barret사에서 개발한 이 소총은 5.56mm보다 좀 더 구경이 크고 중량이 나가는 신형 탄약인 6.8mm×43 SPC탄을 사용한다. 이 탄약은 *US SOCOM(미국 특수전 사령부)가 중심이 되어 개발한 것으로 전체 길이는 5.56mm NATO탄과 거의 같기에 M16 시리즈의 30발 들이 탄창에 장전 가능하다. 탄두 중량이 무거워진 덕분에 높은 운동에너지로 훨씬 강력한 파괴력을 지녔으며 정확한 사격이 가능한 5.56mm 탄과 강한 위력의 7.62mm 탄의 중간 구경이기에 양자의 장점을 살릴 수 있다는 특징이 있다. 즉 이 탄약을 사용하는 M468은 정확한 사격이 가능하면서 동시에 훨씬 강력한 대인 저지력을 지니고 있는 셈이다.

*US SOCOM=United States Special Operations COMmand의 약어.

19. 총검

소총 앞부분에 부착하는 무기

보병들이 휴대하는 군용 총기용 액세서리로 가장 오랜 역사와 전통을 자랑하는 것이 바로 총검Bayonet*이다. 소총과 같이 총열이 긴 총기의 끝부분에 총검을 부착하면 창처럼 사용할 수 있다. 총검의 길이나 착검 방법은 제각기 다르지만

「착검 돌격」이라는 용어가 있을 만큼, 총격을 가하기 곤란할 정도로 적과 근접한 백병전 상황에서는 대단히 유효한 무기가 된다.

제2차 세계대전까지의 총검은 실제 전투에 사용될 기회가 많았고, 칼날 부분도 긴 것이 대부분

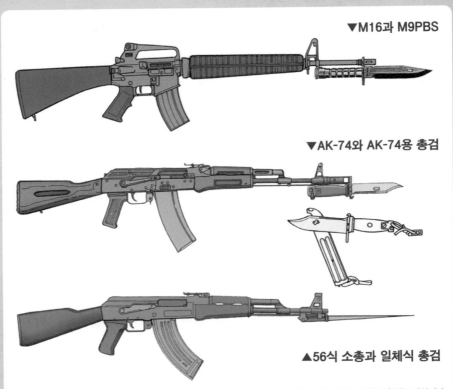

▼M16과 M9PBS

▼AK-74와 AK-74용 총검

▲56식 소총과 일체식 총검

현대의 총검은 대부분이 나이프식 총검으로, AK-74용 총검이나 M9 PBS처럼 다용도 나이프를 소총에 부착하는 방식이다. 돌격소총에 부착하여 총검으로 사용하는 외에, 날이 두툼하고 중량이 나간다는 점을 활용하여 손도끼처럼 쓰거나 칼등으로 경금속을 자르거나 하는 것도 가능하다. 또한 칼집과 결합하여 철조망을 자르는 절단기로도 쓸 수 있으며 가드(날밑) 부분에는 드라이버나 오프너 등이 부착되는 등, 서바이벌 툴로도 쓸 수 있다.

*Bayonet=이 명칭은 총검이 처음 만들어진 프랑스의 바욘Bayonne에서 유래했다고 한다.

이었다. 하지만 대전 이후에는 총검이라기 보다는 짧은 군용 나이프를 소총에 부착하는 방식이 주류를 차지하게 되었다. 단순히 적을 찔러 죽이는 것을 목적으로 하는 총검보다는 다양한 용도로 사용 할 수 있는 나이프 쪽이 훨씬 편리하기 때문이다.

현재는 소화기의 살상력이 크게 향상되었기에, 실전에서 총검을 사용할 일은 거의 사라졌다. 그럼에도 불구하고 총검 장착 기능은 현대의 돌격소총에도 여전히 남아있는 상태이다.

[위] 인형을 총검으로 찌르고 있는 미 해병대 병사. 민간인에서 한 사람 몫의 군인으로 바꾸는 신병 훈련에서는 착검한 소총으로 인형이나 낡은 타이어 등을 반복하여 찌르는 과정이 있는데, 이를 통해 눈앞에 적이 있으면 자동적으로 공격하는 것이 신병의 몸에 배이도록 하는 것이다. 병사 개개인의 투쟁심을 중시하는 미 해병대에서는 이런 훈련을 특히 중시하고 있다. [오른쪽] M16에 총검을 장착하는 모습.

20. 총기용 최첨단 장비

총기의 액세서리는 장식이 아니다!

제1장 소화기

제2장 전투 장비

제3장 생존 장비

제4장 특수 장비

제5장 미래의 보병 장비

레이저 포인터나 에임 포인터(도트 사이트), 암시장치 등의 보조 장비를 통해 소총의 기능을 한층 강화할 수 있는데, 특히 실내나 좁은 시가지 등에서 주야를 가리지 않고 전개되는 근접 전투에서는 이들 첨단 장비가 큰 힘을 발휘하게 된다.

암시장치

적외선 레이저 포인터

대형 건물 내부는 적이 숨을 곳도 많고, 조명이 꺼진 상태에서는 낮 시간에도 어둡기에 적이 매복이라도 하고 있을 경우 공격하기가 어렵다. 때문에 건물 내부의 수색이나 전투에 있어 적을 신속히 발견, 조준하는 장비가 갖춰진 총은 대단히 유효하다.

▼홀로그래픽 사이트

레이저 홀로그램 영상을 렌즈에 투영하는 조준기로, 전투기 등에 사용되던 HUDHead Up Display와 같은 원리이다. 조준기 중앙에 나타난 붉은 색 도트를 표적에 맞추고 사격하면 탄환이 목표에 적중한다. 렌즈를 들여다보는 위치에 따라 조준이 틀어지거나 하는 일이 없기에 사수는 두 눈을 뜬 채로 조준과 사격을 할 수 있는데, 암시장치와 함께 사용하는 것도 가능하다. 일러스트는 이오텍 사의 제품.

사이트(조준기) 위에 붉은 광점으로
도트(탄착점)이 보인다.

▼홀로그래픽 사이트

도트 사이트는 도트(광점)에 목표를 맞추는 것만으로 신속하게 조준이 이뤄지는 장치이다. 시점이 다소 틀어진다고 해도 총이 올바른 방향을 향하고 있다면 붉은 광점은 계속 표적을 가리키게 된다(단, 사전에 총기의 탄착점과 조준기의 도트가 일치하도록 조정해둘 필요가 있다).

▼레이저 포인터(가시광)

붉은색 레이저
도트로 탄착점을 표시

적의 눈에도 보인다

조준기를 직접 들여다
보지 않은 채 지향 사격
자세를 취할 수 있다.

레이저 포인터는 탄착점이 눈에 보이므로, 실내에서 교전할 경우, 굳이 정조준을 하지 않더라도 사격이 가능하다(물론 이 경우에도 사전에 탄착점이 레이저 도트와 일치되도록 조정할 필요가 있다).

야간에 암시장치를 착용한 상태에서는 시야가 좁고 원근감이 떨어지기 때문에 조준이 어렵다. 하지만 적외선 레이저 포인터를 사용하면 암시장치를 착용하고서도 탄착점을 바로 눈으로 볼 수 있기 때문에 조준이 간단하며, 불가시 레이저를 사용하기에 적에게도 쉽게 발견되지 않는다(이 경우에도 마찬가지로 적외선 레이저의 도트와 탄착점이 일치하도록 조정해줘야만 한다).

암시장치를 사용하면
탄착점이 보인다

▶적외선 레이저
포인터(불가시)

적외선 레이저는 적의 눈에
보이지 않는다

21. 총기용 레일 시스템

액세서리 부착 레일 시스템이란?

제1장 소화기

제2장 전투장비

제3장 생존장비

제4장 특수장비

제5장 미래의 보병장비

돌격소총에 부착되는 다양한 액세서리는 총기의 기능을 확장, 전투력 향상에 기여하는 장비인데, 피카티니 레일을 비롯한 레일 시스템은 이러한 기재들을 총에 부착하는 데 있어 필수 장비라 할 수 있다.

적외선 레이저/적외선 일루미네이터

광학 조준경

소음기

SIR

KAC의 RIS*는 각종 액세서리를 장착, 전투력을 향상시키는 데 큰 기여를 했지만, RIS 자체도 결국은 총기에 부착하는 '부품'이었기 때문에 각종 교전 상황에서 연속으로 사격을 실시하던 중, 조준선이 흐트러지는 등의 문제가 있었다. SIR*은 이러한 문제를 해결하기 위해 개발된 것으로, 액세서리 장착을 위한 레일 부분을 총열 덮개 뿐만 아니라 총몸 부분까지 연장, 일체화한 모델이다. 군은 물론 경찰 기관에서도 많이 쓰이고 있다.

❷광학 조준기(에임포인트 콤프M)─

❸피카티니 레일

❶암시장치(M983)

❶야간에 물체에 반사된 미량의 빛을 증폭시켜 가시광으로 만들어 주는 광증폭식 암시장치. 암시장치에 대응할 수 있는 광학 조준기와 조합하여 직접 조준도 가능하다.❷도트 사이트. 근~중거리에서의 사격에 위력을 발휘한다. ❸각종 액세서리를 고정하기 위한 부품으로 총몸 윗부분에 설치된다. ❹소총이나 기관단총의 총열 덮개 부분에 액세서리를 장착할 수 있도록 하는 장치. 총열덮개와 레일이 일체화 되어 있다. 일러스트는 ⓐ레일 커버가 장착된 상태.

*RIS=Rail Interface System의 약어 *SIR=Selective Intergrated Rail-system의 약어

미 해병대에서 일부 사용 중인 나이츠 아마먼트 사의 SR-25. 액세서리 장착용 URX레일과 일체화된 총열 덮개는 명중률을 저하시키지 않는 프리 플로팅 배럴 구조로 되어 있어, SR-25는 저격은 물론 일반 전투용 소총으로도 기능이 가능하다. 소총에 있어 단순한 레일 시스템 이상의 기능을 부여하고 있는 총열 덮개의 예시 가운데 하나라 할 수 있을 것이다. 총몸 윗부분의 레일에는 저격용 광학 조준기가 부착되어 있는데, 그 위에는 근접 전투에 대비한 소형 리플렉스 사이트가 장착되어 있다.

▼CQB용 카빈 「M4A1 마스터키」

피카티니 레일과 레일 시스템을 활용하여 액세서리를 장착한 예. 여기 쓰인 것은 RIS로, 획기적인 시스템이었지만, 현재는 조금 더 발전된 RAS*를 사용 중이다.

❹레일 시스템(총열덮개 부분)

❺적외선 레이저/
적외선 일루미네이터(AN/PRQ-2)

❻ 12게이지 산탄총
(레밍턴 M870)

ⓐ레일 커버

❺적외선 레이저 포인터와 적외선 일루미네이터 기능이 같이 탑재된 장비. 적외선은 불가시 광선이므로 암시장치를 반드시 사용해야 하지만, 비교적 먼 거리의 야간 사격에도 유효하며, 날씨에 따라 달라지는 암시장치의 증폭기능도 보완할 수 있다.❻M4A1에 부착할 수 있도록 개조한 산탄총. 근접 전투에서 위력을 발휘한다.

*RAS=Rail Adapter System의 약어

22. 권총

호신용 무기에서 근접 전투의 주역으로

원래 권총*은 사거리가 짧고 명중률이 낮기 때문에 군에서는 줄곧 호신용 무기 정도로 취급되고 있었다.

하지만 1990년대부터 특수부대를 중심으로, 건물 내부에서 벌어지는 근접 전투의 경우 권총이 큰 위력을 발휘한다는 인식이 확산되었다. 올바른 조작법을 습득한다면 권총 또한 유효한 공격 무기가 될 수 있다는 것이었다. 현재는 특수부대 뿐만 아니라, 일반 보병 부대에서도 권총 사격에 대한 훈련이 적극적으로 받아들여지고 있는 중이다.

◀ SIG P226

쇼트 리코일 방식의 자동권총. 9mm 파라벨럼 탄약을 사용하며, 내구성이 우수하여 물이나 진흙 속에 담갔다가 꺼내도 확실하게 작동한다. 현재 영국군에서도 사용 중. 전장 196mm, 중량 845g, 장탄수 15발.

▶M9A1(M92Fs)

베레타의 M92를 개량, M9이라는 제식명으로 미군에 채용된 더블액션 자동권총의 개량형. 9mm 파라벨럼 탄약을 사용하며 프레임 전방 하부에 액세서리 장착용 피카티니 레일이 설치되었다. 전장 217mm, 중량 970g, 장탄수 15발

◀FN Five-seveN

강력한 위력의 45ACP 탄약을 선호하는 미 해병대에서는 프레임이나 부품을 교체하여 재생한 콜트 M1911A1 권총을 MEU 피스톨 혹은 M45MEU(SOC)라는 이름으로 채용하여 비교적 최근까지 사용하기도 했다. 전장 210mm, 중량 1105g, 장탄수 7발

Five-seveN은 FN P90*에 사용된 보틀넥 방식의 소구경 고속탄인 5.7mm×28 탄약을 사용하는 대형 자동권총으로, P90을 사용하는 특수부대의 부무장 개념으로 개발되었다.
구경 5.7mm, 전장 212mm, 중량 843g, 장탄수 20발

*권총=현대의 군용권총은 거의 예외 없이 자동권총이다. *FN P90=벨기에의 FN에서 개발한 기관단총의 일종이지만, 일반적인 권총탄보다 훨씬 강력한 탄약(50m 이내의 거리에서는 레벨 IIIA에 해당하는 방탄복을 관통 가능)을 사용한다. *MEU=Marine Expeditionary Unit의 약어. MEU는 증강 편성된 해병대 보병 대대를 기간으로 하여 혼성 헬기 비행 중대, 병참부대, 사령부로 구성되어 있다.

● 사격 자세

권총은 양손으로 확실히 파지하는 것이 훨씬 안정적으로 조준할 수 있으며 반동 제어도 용이하다. 양 팔은 그냥 전방으로 쭉 뻗는 것이 아니며, 오른손잡이인 경우에는 오른팔은 전방으로 쭉 뻗어 내밀고 왼손은 몸 쪽으로 끌어당기듯 하는 자세를 취하게 된다. 대표적인 사격 자세로는 위버 스탠스Weaver Stance와 삼각형 자세Isosceles Triangle 가 있는데 전자는 수색 등과 같이 이동하면서 사격을 실시할 경우에 편리하며, 후자는 연속 사격을 실시할 때 유리한 자세로, 실전에서는 상황에 맞춰 사용하게 된다.

위버 스탠스

삼각형 자세

위버 스탠스로 사격을 실시하는 미 육군 병사.

권총은 엄지와 검지의 연장선이 그리는 V자 모양의 계곡 한가운데에 손잡이 뒷부분의 연장선이 교차하도록 쥐어야 하며, 권총을 쥔 팔의 축선 위에 권총이 곧게 일치하도록 조준,시선은 총구 방향과 일치하도록 해야 한다.

오른손으로 올바르게 권총을 쥐었다면 왼손으로 이를 받쳐주도록 한다. 왼손으로 보조하는 방법에는 여러 가지가 있으며, 일러스트와 같이 왼손 검지로 방아쇠울을 감싸는 방법도 그 중 하나이다.

23. 총기의 구경과 탄약

탄약*=모든 총기가 지닌 파괴력의 실체

산탄총과 같이 특수한 총기를 제외한 거의 모든 총기의 총열 내부에는 강선Rifling이라 불리는 여러 개의 홈이 파여 있는데, 이 강선은 약간 비스듬하게 파여 있어 총구를 들여다보면 나선 모양을 그리고 있다. 발사된 탄환은 강선이 파인 총열을 지나면서 나선운동을 하게 되어 직진성이 높아지며 탄도의 안전성을 얻게 된다.

이러한 강선 때문에 총열의 단면을 보면 강선에 의한 계곡Groove과 산Land으로 나뉘는데, 총기의 구경은 이 산 부분을 연결한 원, 즉 산경Bore

diameter로 정해진다.

그런데 같은 7.62mm 구경의 탄약이라고 해도 같은 구경이면 아무 총에나 써도 되는 것은 아니다. 예를 들어 7.62mm×51 NATO*와 7.62mm×39 러시안 쇼트의 경우에는 구경은 같지만 탄약의 길이가 다르므로 호환성이 없다. 때문에 탄약의 규격을 표기할 때에는 구경×탄피 길이로 나타내며 이 뒤에 고유 명칭을 붙이도록 되어 있다.

●탄약의 구조와 종류

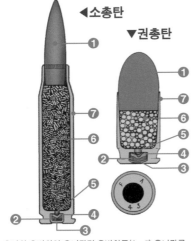

◀소총탄

▼권총탄

❶탄환 ❷발화약 ❸뇌관컵 ❹발화금(Anvil) ❺뇌관공
❻발사약(추진장약) ❼약협(탄피)

탄약Cartridge는 기본적으로 탄환Bullet, 약협Case, 발사약Powder, 뇌관 Primer으로 구성되어 있다. 우선 탄환은 표적을 향해 날아가는 부분으로 탄두 또는 발사체(투사체)라고 불리기도 하며, 발사약은 연소되면서 고압의 가스를 발생, 탄환을 추진시키는 힘이 된다. 뇌관은 공이에 의해 발화되어 발사약을 점화시키는 작용을 하는 곳으로, 이 뇌관과 발사약을 담고 있는 용기가 바로 약협(탄피)인데, 약협 바닥 부분에는 뇌관이 들어가며 약협 내부에는 발사약이, 그리고 탄환이 입구 부분을 막고 있는 구조로 되어있다. 총기에 장전된 탄약은 약실 내부에 수용되며, 공이가 뇌관 부분을 찔러서 점화, 탄환을 발사하게 된다. 이것은 총기의 가장 기본적인 구조나 원리로, 어느 탄약을 막론하고 동일하다.

탄약은 권총탄과 소총탄으로 크게 나뉘는데, 탄환은 물론 발사약이나 뇌관 그리고 약협의 형태까지 많은 부분에서 다른 모습을 하고 있다. 권총탄은 탄약 자체가 작고 사용되는 총기의 총열도 짧으므로 연소시간이 짧은 발사약이 사용된다. 반면에 소총탄은 긴 총열을 지나가야 하기에 좀 더 느린 속도로 연소되는 발사약이 사용되며 총열을 빠져나왔을 때 충분히 가속을 받아 최대의 추진력을 발휘할 수 있도록 만들어져 있다. 또한 소총탄의 탄환은 먼 거리를 고속으로 날아가야 하므로 앞부분이 뾰족하며 전체적으로 길고 매끄러운 유선형을 하고 있다.

*탄약=현대의 총기에 「총알을 넣는다」는 표현은 옳지 못하다. 구조적으로 「탄약을 넣는다」라고 표현해야 할 것이다.
*NATO=북대서양 조약기구의 약어. 총기의 탄약을 공통 규격화하여 NATO탄이라고 부른다.

●탄약의 크기 비교(실물 크기)

12.7mm×99 NATO
M2 중기관총이나 50구경
대물 저격소총 에 사용된다.

9mm 파라벨럼

45ACP

[왼쪽]권총탄으로서는 가장 보편적인 탄약.
[오른쪽]콜트 M1911A1 등에 사용되는 탄약.
45구경은 약 11.43mm이다.

❶7.62mm×51 NATO

❷ 7.62mm×39
러시안 쇼트

❸ 5.56mm×45
NATO

❹ 5.45mm×39

❶FN-MAG 등의 기관총이나 M24와 같은 저격소총에 사용된다. ❷AK-47 시리즈나 AKM
등의 옛 공산권 돌격소총에 사용된다. ❸M-16이나 G36, FA-MAS, K2 등의 자유진영 돌
격소총에 사용된다. ❹AK-74 돌격소총에 사용된다.

오랜 역사를 지닌 보병의 기본 장비

제5장 미래의 보병 장비

수류탄Hand grenade이란 문자 그대로 손으로 직접 던지는 폭탄을 가리킨다. 적을 향해 뭔가를 던진다는 행위는 인간이 지닌 공격본능에서 나오는 행위 가운데 하나로, 어떤 의미에서는 가장 원시적인 병기라고도 할 수 있을 것이다. 실제로도 수류탄의 원형은 중세 이전부터 볼 수 있었으며, 화포보다도 훨씬 오랜 역사를 지닌 병기이다.

현재 우리가 볼 수 있는 형태의 수류탄은 제1차 세계대전 당시 사용되었던 것에서 시작되며, 지근거리에서의 전투에서 절대적인 효과를 발휘한다. 수류탄은 폭풍과 파편으로 참호나 건물, 기타 엄폐물에 숨은 적을 공격하기 위해 사용되는데, 무기나 시설의 파괴에도 유효하다.

수류탄이라는 한 단어로 뭉뚱그려 이야기되고 있지만, 실은 여기에도 여러 종류가 존재한다. 대략적으로 분류를 해보더라도 폭렬수류탄(공격용 수류탄), 세열수류탄(방어 및 인마살상용), 소이수류탄, 신호연막수류탄, 비치사성 섬광폭음탄 그리고 최루가스가 들어있는 최루탄 등을 들 수 있다. 또한 사용되는 신관*의 방식(착발신관과 지연신관)에 따라 분류되기도 한다.

수류탄을 던지는 병사. 개인차가 있기는 하지만, 장병들이 투척 가능한 거리는 30~50m정도일 것이다. 폭렬수류탄은 폭풍(폭발력)으로 살상력을 얻는 무기이며, 세열수류탄은 폭발 시에 비산되는 파편으로 적을 살상하는 무기이다. 폭렬수류탄은 공격용 수류탄이라고 불리는데, 탄체 외피가 없고 내부는 작약으로 채워져 있다. 주로 공격 시에 사용되기 때문에 아군이 폭발에 말려들지 않도록 살상범위는 10m 전후로 위력이 조정되어 있다.

*신관=폭탄 내부에 심어져 있어 작약을 점화시키는 기폭장치

세열수류탄은 폭발 시에 파편을 주위에 흩뿌려 적을 살상하는데, 탄체 부분은 파편을 효과적으로 비산시킬 수 있도록 가공되어 있다. 살상 범위도 넓은 편인데, 투척수가 몸을 보호할 수 있는 엄폐물이 확보된 상황에서 주로 사용된다. 하지만 현재도 널리 사용되고 있는 M26 수류탄의 유효살상반경은 15m 정도이며, 던진 후에 바닥에 엎드렸을 경우 반경 3m 이내에서 폭발하지 않는 한 거의 피해를 입지 않는다.

▼M26 수류탄

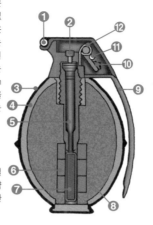

❶T형 러그 ❷뇌관 ❸탄체 외피 ❹코일형 조정파편 ❺신관 ❻기폭약 ❼지연약 ❽작약(TNT) ❾안전레버 ❿공이 ⓫안전핀 ⓬공이용수철

M26(통칭 : 레몬)의 후계 모델인 M67 수류탄을 투척하는 미군 병사.

●보병에 강력한 화력을 제공하는 박격포

박격포는 보병의 근접지원용 무기로 탄생했다. 보통 45도 이상의 고각으로 발사되며 포탄은 곡사탄도, 즉 낙하 각도가 둔각을 그리게 된다. 포탄 발사에 고압을 필요로 하지 않기 때문에 적은 양의 발사약으로도 충분하며, 그만큼 작약을 더 많이 넣을 수 있어 파괴력이 강하다는 특징을 지니고 있다. 구조가 단순하기에 취급과 운반도 비교적 쉬운 편이며 다른 화포보다 훨씬 저렴하게 제작할 수 있다.

▼M224 60mm 박격포

〈간이 사격시〉

M224는 파괴력이 높으면서도 가볍고 조작이 간편하며 4명 정도의 인원으로 이동하면서 사격을 실시할 수 있는 박격포로 개발되었다. 포신, 양각대, 포판, 조준기로 구성되며 중량21.11kg에, 유효사거리는 70~3940m이다. 최대의 특징으로는 양각대 없이 사수 혼자서도 사격할 수 있다는 점을 들 수 있는데, 통상적으로는 사수와 부사수로 조작하게 되지만 양각대 없이 간이 포판만을 사용할 경우에는 중량이 8.2kg에 불과하기 때문에 긴급 상황에서는 사수 1명이 휴대 및 사격을 수행할 수 있지만, 이 경우에는 포탄을 미리 장전한 뒤 방아쇠를 당겨 발사한다.
❶포신 ❷가로전륜기 ❸양각대 ❹세로전륜기 ❺포판 ❻조준기 ❼간이사격용 사거리표시계 ❽방아쇠 ❾운반손잡이 ❿조정간

25. 유탄발사기(1)

유탄을 소총으로 발사한다.

유탄발사기는 인간의 완력으로는 투척에 한계가 있는 수류탄을 보다 먼 거리까지 날리기 위해 개발된 병기이다. 이 가운데 소총의 총구 앞에 발사용 어댑터를 부착하여 수류탄*을 발사하는 방식을 총류탄Rifle grenade라고 하는데, 손으로 투척할 경우에는 50m 정도가 한계이지만 총류탄 발사기를 사용할 경우에는 250m 정도까지 도달 가능하다.

▼발사 원리와 종류

❶소총의 방아쇠를 당겨 공포탄을 격발시키면, 발사약의 연소가스로 총강 내부에 높은 압력이 발생한다.

❷고압 연소가스의 힘으로 유탄이 발사된다. 때문에 총류탄에는 별도의 발사약이 들어있지 않다.

《컵 방식》

《스피곳 방식》

《막대 방식》

▼컵 방식 총류탄 발사기

유탄
컵 방식 총류탄 발사기

제1차 세계대전 당시 사용된 V-B 총류탄 발사기. 미군의 M1917 스프링필드 소총에 장착하여 사용했다. 소총의 방아쇠를 당겨 공포탄을 격발하면 장약이 연소되면서 발생한 가스의 압력을 통해 유탄이 발사되었다.

◀스피곳 방식 발사기

◀컵 방식 발사기

총류탄 발사기는 크게 나눠, 컵 방식(내장형)과 스피곳Spigot 방식(외장형)이 있다. 소총 앞부분에 어댑터를 부착하는 것은 양자 모두 동일하지만, 발사기 내부에 유탄을 넣는 것이 컵 방식, 유탄 후미 부분에 발사기 끝부분을 끼워 넣어 발사하는 것을 스피곳 방식이라고 한다. 이외에도 막대 방식이 있었는데 이것은 공포탄만 있으면 총구에 바로 끼우는 것 만으로 유탄을 발사할 수 있다는 장점이 있었지만 삽입된 막대가 총강 내부를 손상시키는 문제가 있어 그다지 보급되지 않았다.

한때 총류탄은 보병휴대 대전차무기로도 많이 사용되었다.

*수류탄을 발사하는 방식=수류탄을 직접 발사하는 것도 있었지만, 시간이 지나면서 전용 유탄을 발사하는 방식으로 바뀌었다.

●M1 개런드 소총용 유탄

M7 총류탄 발사기

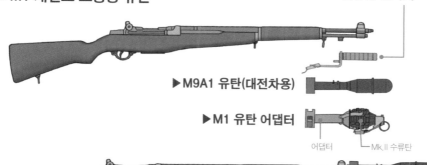

▶**M9A1 유탄(대전차용)**

▶**M1 유탄 어댑터**

어댑터 — Mk.II 수류탄

▲**M9A1 유탄을 장착한 상태**

M1 개런드 소총은 제2차 세계대전 당시 미군에서 사용했던 반자동 소총이다. 전용 총류탄 발사기 어댑터인 M7 총류탄 발사기(스피곳 방식)를 총구에 부착하여 M9A1 대전차 유탄이나 전용 어댑터를 부착한 Mk.II 세열수류탄 등을 발사할 수 있었다. M9A1은 성형작약탄두가 들어 있어 전차 외에 토치카 공격 등에도 사용되었다.

발사기에 유탄을 끼워 넣는 모습. 유탄은 전용 공포탄의 가스압으로 발사되었다.

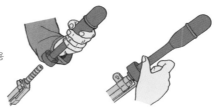

▼총류탄 발사기의 발사 준비

①총류탄 발사기의 발사 준비

②전용 공포탄을 장전

총구 부분에 발사기를 장착해 놓은 상태

④유탄을 장전한다.

③노리쇠를 전진, 약실을 폐쇄한다

⑤안전핀을 뽑으면 발사준비 완료

26. 유탄발사기(2)

보병의 화력을 크게 강화시키는 무기

미군의 M203은 1960년대에 개발되어 현재도 쓰이고 있는 걸작 유탄발사기이다. M203은M16 소총의 *총열덮개 아래에 장착, 40mm 유탄을 발사할 수 있도록 만든 것으로, 단발식이며, 최소 안전거리인 35m에서 최대 유효사거리인 350m (최대 사거리는 400m)의 거리까지 발사 가능하다. M203에서 발사되는 40mm 유탄은 각종 고폭탄부터 최루탄, 연막탄까지 다양한 종류가 있으며 탄종에 따라서는 소형 박격포탄에 버금가는 위력을 발휘하기도 한다. 휴대할 수 있는 무장에 제한이 있는 일반 보병부대도 이러한 유탄발사기를 통해 강력한 화력을 투사할 수 있게 된 것이다.

▼유탄의 구조(M381 고폭탄)

M203 유탄발사기에서 발사되는 M381 고폭탄은 발사된 뒤 탄체의 원심력에 의해 안전장치가 해제되면서 신관이 작동되도록 되어 있는데, 착탄 후, 탄체가 폭발하면 유탄의 외피가 300개 이상의 작은 파편이 되어 비산하며, 살상범위는 직경 10m에 달한다.

❶압력판
❷신관
❸유탄 외피
❹기폭약
❺작약(RDX)
❻저압 약실
❼고압 약실
❽발사약
❾가스 분출구

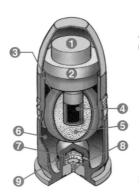

▼각종 40mm 유탄

▲M433 이중목적고폭탄　▲M406 고폭탄　▲M681 조명탄　▲파편식 유탄

▼M781 낙하산 조명탄

▼M576 산탄

▲M713 연막탄　▲M651 CS탄(최루탄)

*총열덮개 아래에 부착=이런 것을 흔히 언더배럴 방식이라고 부른다.

●M203 유탄발사기

가늠자

M203

베트남 전쟁 당시 사용된 M79에서 얻은 전훈을 살려 M16 돌격소총에 부착할 수 있도록 만들어진 것이 바로 M203 유탄발사기이다. 가스 감압 시스템을 통해 낮은 압력으로 유탄을 발사하기에 총신에 가해지는 부담이 적으며 이 덕분에 무게가 가벼운 알루미늄 합금으로 총열을 제작할 수 있었다.

유탄을 장전

총열결합체를 전방으로 민다

▼M203 유탄발사기의 구조

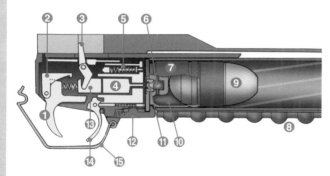

❶방아쇠 ❷단발자(공이치기를 고정) ❸격발지레 ❹공이 ❺차개(탄피를 외부로 배출한다) ❻고압약실 ❼탄피 ❽총열결합체 ❾탄체 ❿저압약실 ⓫발사약 ⓬갈퀴(총열에서 탄피를 끌어낸다) ⓭공이치기 ⓮안전장치 ⓯방아쇠울(장갑을 착용한 상태에서도 조작할 수 있도록 아래로 열 수 있다)

▼발사원리

장전은 총열결합체를 앞으로 밀고 그 안에 유탄을 삽입하는 방식으로 이루어지는데, 총열결합체를 앞으로 밀면 격발지레가 공이치기를 뒤쪽으로 밀어주며 단발자에 의해 공이치기가 후퇴·고정되면서 발사 준비가 완료된다. 이 상태에서 방아쇠를 당기면 단발자가 풀리면서 공이치기가 전진, 공이를 때리게 되며, 공이가 발사약을 점화시키는데, 탄피 내부에서는 우선 고압약실 내부의 발사약이 점화되어 약실 내부의 압력이 증대되며 약실에 뚫려있는 구멍을 통해 저압약실로 가스 분출, 탄체를 전방으로 밀어내어 발사가 이루어지게 된다. 발사된 탄체는 총열 내부의 강선(6조우선)을 지나며 얻어진 회전력을 통해 안정된 포물선 탄도를 그린다.

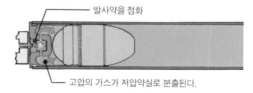

발사약을 점화

고압의 가스가 저압약실로 분출된다.

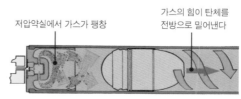

저압약실에서 가스가 팽창

가스의 힘이 탄체를 전방으로 밀어낸다

27. 유탄발사기(3)

러시아군의 유탄발사기

제1장 소화기

제2장 전투장비

제3장 생존장비

제4장 특수장비

제5장 미래의 보병장비

AK-47이나 AK-74로 대표되는 칼라시니코프 시리즈 돌격소총은 러시아를 비롯한 세계 각지에서 다양한 베리에이션이 개발·사용되고 있다. 따라서 다양한 액세서리가 존재하는데, 소총부착식 유탄발사기로는 구 소련제 BG-15, GP-25, 러시아군 현용인 GP-34, 그리고 폴란드제 kbk Wz1974가 대표적이다. 이들 모두 돌격소총의 총열 아래에 부착하는 언더배럴 방식이다.

●러시아군 공수부대원

일러스트는 2000년대 들어 큰 폭으로 근대화가 이루어진 러시아 공수부대원의 장비이다. 방탄복 위에 장비품을 휴대할 수 있도록 전술조끼를 착용하고 있다. 비교적 개인장비의 교체가 더뎠던 러시아군이지만 최근에는 미국을 비롯한 서방 진영 국가와 크게 다르지 않은 모습을 보여주고 있다. 낙하산 강하를 실시할 일이 많은 공수부대는 휴대할 수 있는 장비나 무기가 한정되어 있기 때문에 비교적 작고 가벼우면서도 큰 위력을 발휘할 수 있는 유탄발사기는 매우 중요한 무기이다.

❶소형방탄헬멧 ❷6B13 Zabralo 방탄복 ❸Grad-2 Gunner 전술조끼 ❹유탄 수납 파우치 ❺GP-34 유탄발사기가 부착된 AK-74M

●러시아군의 유탄발사기

▼GP-34 유탄발사기가 부착된 AK-74

GP-34

GP-34는 현재 러시아의 이즈마쉬에서 생산하고 있는 단발식 유탄발사기로, AKM, AKMS, AK-74, AK-74M(근대화 모델) 등의 소총에 부착할 수 있도록 설계되었다. VOG-25, VOG-25P, GP34와 같은 40mm 유탄을 발사할 수 있는데, 사거리는 100~400m 정도로 M203과 거의 비슷한 성능이라 할 수 있다.

▼BG-15 유탄발사기

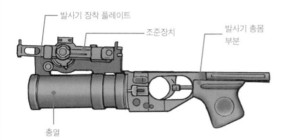

발사기 장착 플레이트

조준장치

발사기 총몸 부분

총열

VOG-25 고폭탄
(착탄한 순간 폭발한다)

GP-34 조명탄

VOG-25P 도약 유탄
(착탄한 뒤 1.5m 정도 튀어올라 공중에서 폭발한다)

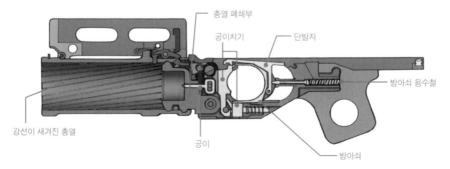

총열 폐쇄부

공이치기

단발자

방아쇠 용수철

강선이 새겨진 총열

공이

방아쇠

▼BG-15 유탄발사기

BG-15는 40mm 유탄을 발사하는 러시아 최초의 유탄발사기이다. 이것은 소총의 총열 아래에 있는 착검 돌기에 부착하는 방식으로 옛 공산권 국가에서 사용된 GP-25와 현재 러시아군에서 사용되고 있는 GP-34는 이것을 바탕으로 개발된 것이다. 가장 큰 특징은 유탄에 별도의 탄피가 존재하지 않는다는 점으로, 발사약이 점화되면 연소 가스를 탄체 후미 부분에서 분사하여 로켓탄처럼 발사되며, 총열 내부의 강선을 통해 얻은 회전력으로 탄도를 안정시킨다.

28. 유탄발사기(4)

진화하는 유탄발사기

현재 세계 각국에서 사용되고 있는 유탄발사기는 돌격소총의 총열 아래에 부착되는M203과 같은 언더배럴 방식 외에도 소총의 총구에 장착하여 발사하는 총류탄(FA-MAS에 부착하는 APAV40이나 일본 자위대의 06식 소총척탄 등)이 있다.

이처럼 돌격소총과 조합하여 운용하는 방식 외에도 유탄총Grenade Gun이라 불리우는 독립된 유탄발사기도 있다. 이 분야에서는 베트남 전쟁에서 활약한 단발형 M79 유탄발사기가 유명하며 최근에는 유탄을 회전식이나 상자형 탄창으로 장전하여 연사할 수 있는 모델이 여러 곳에서 개발되고 있다.

미 육군에서는 공중폭발모드가 탑재된 25mm 유탄을 연속 발사할 수 있는 XM25 IAWSIndividual Airburst Weapon System, 공중폭발식 개인화기 시스템을 개발하여 아프가니스탄에서 시험 운용한 바 있다.

또한 최근에는 돌격소총과 유탄발사기를 일체화, FCSFire Control System, 사격통제장치로 조준하는 프랑스의 GIAT PAPOP이나 미국의 OICW 등 보병용 통합 화기 시스템의 개발도 진행되고 있으나 무게 등의 문제로 아직 실용적인 무기로 완성된 것은 없다.

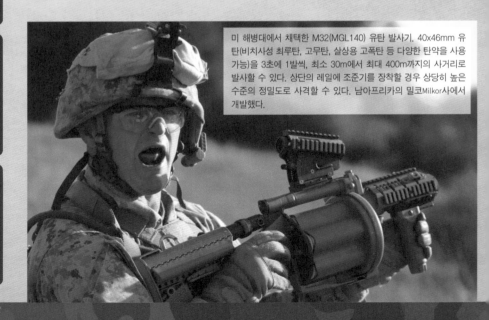

미 해병대에서 채택한 M32(MGL140) 유탄 발사기. 40x46mm 유탄(비치사성 최루탄, 고무탄, 살상용 고폭탄 등 다양한 탄약을 사용 가능)을 3초에 1발씩, 최소 30m에서 최대 400m까지의 사거리로 발사할 수 있다. 상단의 레일에 조준기를 장착할 경우 상당히 높은 수준의 정밀도로 사격할 수 있다. 남아프리카의 밀코Milkor사에서 개발했다.

미군 현용의 M203 유탄발사기의 후계자로 개발되었던 XM25는 탄창이 총몸 뒷부분에 장착되는 이른바 불펍식으로 상부에 레이저 거리지시기가 내장된 FCS가 부착된다. 사용자가 목표를 조준하는 것 만으로도 FCS가 자동적으로 탄도를 계산하여 조준조작을 진행한다. 발사하는 25mm 유탄은 표적의 피해를 확대하기 위해 공중에서 폭발하는 공중폭발 모드와 목표에 명중한 순간에 폭발하는 접촉신관 모드, 얇은 벽 등을 깨고 들어갈 수 있는 지연신관 모드 등으로 사용할 수 있다. 최대 사거리는 700m(모드에 따라 차이 있음)이다.

H&K사와 얼라이언트 테크 시스템사가 공동개발하였으나 2017년에 정식 채용이 취소되고 만다.

XM25 IAWS▶
(시제품)

디스플레이

◀GIAT PAPOP 1

35mm 유탄 발사기

돌격 소총 (5.56mm NATO탄 사양)

개머리판(컴퓨터 및 배터리 등을 내장)

디스플레이

◀GIAT PAPOP 2

35mm 유탄 발사기

카메라 내장

돌격 소총 (5.56mm NATO탄 사양)

개머리판(컴퓨터 및 배터리 등을 내장)

프랑스에서는 선진보병전투장비시스템 FELIN을 개발한 후 2009년부터 실전배치를 개시했다. 현재는 FELIN의 웨폰/서브 시스템은 FA-MAS/G2를 기반으로 하여 개발이 진행되고 있지만 최종적으로는 완전 신규 개발로 대체될 예정으로, 그것이 PAPOPPOLYARME-POLYPROJECTILIES이다. 5.56mm NATO탄을 사용하는 돌격소총과 35mm 유탄 발사기를 일체화하여 OICW M29와 같은 기능을 갖추고 있다. 중량은 약 7,000g.

IAWS=Individual Airburst Weapon System의 약자. FELIN=220쪽 참조 OICW M29=미군의 신세대 보병용 소총 (232쪽 참조)

제1장 소화기

제2장 전투장비

제3장 생존장비

제4장 특수장비

제5장 미래의 보병장비

29. 대전차무기(1)

전차 이외에도 사용할 수 있는 다목적 무기

보병이 전차와 싸우기 위해 개발된 대전차무기에는 2개의 큰 부류가 있다. 첫 번째는 높은 성능의 유도장치와 강력한 파괴력을 가진 대전차 미사일. 또 하나는 유도 능력은 없으나 활용도가 넓은 대전차 로켓이다.

정규군 간의 전투보다는 테러리스트나 반정부 무장조직 등과의 전투가 주류가 된 현재에는 단가가 낮으며 다양한 상황에서 활용할 수 있는 대전차 로켓 발사기 쪽이 인기를 얻고 있다. 여기서는 미군의 대표적인 대전차 병기를 해설한다.

미군의 FGM-148 재블린은 적외선 화상 센서가 탑재된 제3세대 미사일이다. 발사 전 조준기로 목표를 조준하면 목표의 적외선 화상을 기록하여 발사 후에는 자동적으로 추적, 명중할 수 있는 발사 후 망각 Fire & Forget 방식. 기갑차량에서부터 건축물, 저고도의 헬기 등 다양한 목표를 공격 가능하다. 미사일의 적외선 조준기의 냉각에 수십 초가 필요하다. 2003년 이라크 전쟁에서 처음으로 실전 투입되었다.
전장: 1,200mm 총중량: 22,300g

◀FGM-148 재블린

재블린은 조준부(CLU)와 미사일을 탑재한 발사관으로 구성되어 있다. ❶발사관 전방 덮개 ❷적외선 화상 조준 렌즈 ❸조작부(CLU) ❹조작 핸들과 스위치 ❺배터리 ❻아이피스 ❼어깨 받침대 ❽발사관 후방 덮개 ❾미사일 발사관 ❿배터리 냉각 유닛 ⓫휴대용 멜빵

탑 어택 모드는 전차 등 기갑차량 공격에 사용되는데, 방어가 취약한 상면을 노리는 방식. 다이렉트 어택 모드는 목표로 직진한다. 재블린 미사일은 압축가스로 발사관에서 사출된 뒤, 연료를 점화하여 가속하는 단계식 발사 방식을 채택하고 있다.

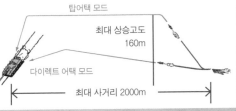

탑어택 모드
최대 상승고도 160m
다이렉트 어택 모드
최대 사거리 2000m

*CLU=Command Launch Unit의 약어

험비 다목적 차량에 탑재된 발사기로부터 TOW2B(TOW 개량형)가 발사되는 순간. TOW는 미사일과 발사관이 와이어로 연결된 유선 미사일이며 제2세대 적외선 유도 방식의 대전차 미사일로, 발사 후에도 조준장치로 목표를 계속 조준할 필요가 있다.

TOW2▶

TOW2의 발사기. 선회장치Traversing Unit, 유도셋(미사일 유도장비), 발사관(미사일 포함), 삼각대, 조준기의 5개 단위로 분해하여 5명의 장병이 운용할 수 있다. 발사기는 디지털화되어 디지털 유도방식과 레이저 거리측정 기능 등이 추가되었다. 최대사거리는 3,750m 초중량 114,000g

❶발사관 ❷광학조준기 ❸POST 증폭기 ❹AN/TAS-4A 열상감시장비 ❺선회장치 ❻POST 증폭 케이블 ❼삼각대 ❽케이블 ❾디지털식 유도셋

▼SMAW

❶가늠쇠 ❷축사총 ❸축사총 장전 손잡이 ❹발사기 ❺배터리 ❻방아쇠/손잡이 ❼광학조준기 ❽가늠자 ❾본체 ❿발사관

SMAW는 견착식 다목적 로켓 발사기로 발사기 본체 뒷부분에 로켓이 포함된 발사관을 장착하여 사용한다. 유도 기능은 없지만 가격이 저렴하여 대전차 전투에서부터 적이 엄폐하고 있는 건물이나 엄폐물 등의 제거 등에 폭넓게 사용할 수 있다. 초탄 명중률을 높이기 위해 축사총을 탑재하고 있는 것이 특징. 유효사거리는 500m(대전차 고폭탄 사용시)이며 장갑 관통력은 600mm 이다.

구경: 83mm 전장: 1,357mm 중량 13,400g

*SMAW=Shoulder-launched Multipurpose Assault Weapon 의 약어

30. 대전차무기(2)

러시아의 대전차 로켓 발사기

최근에는 고가의 대전차 미사일보다 다용도로 활용할 수 있는 대전차 로켓 발사기에 대한 수요가 높아지고 있다. 세계 각국이 다양한 로켓 발사기를 개발·제조하고 있는 가운데, 러시아의 로켓 발사기는 그 독특함으로 눈길을 끌고 있다.

RPG-32에는 「하심Hashim」이라는 별명이 붙어있다. 로켓탄이 내장된 발사관이 2종류(105mm 구경은 전장 1.2m, 72mm 구경은 전장 0.9m)이며 고형연료를 사용한 로켓탄의 유효사거리는 200m 정도이다.

●RPG-30

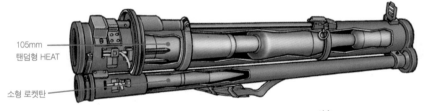

105mm 탠덤형 HEAT

소형 로켓탄

사수

RPG-30은 메인으로 탠덤형 성형작약탄두를 탑재한 105mm 로켓탄(RPG-27의 로켓탄)과 보조용으로 소형 로켓탄을 조합한 1회용 로켓 발사기이다. 이것은 최신 기갑전투차량이 채택하고 있는 APS(능동방어 시스템)에 대응하기 위한 것으로, APS는 자신을 향해 접근하는 미사일이나 로켓탄을 요격하여 방어하는 시스템이므로 이를 역이용하여 먼저 소형 로켓탄을 미끼로 적의 APS를 무력화시킨 후 105mm 로켓탄으로 격파하는 것이다. 사거리 140m 정도에서 600mm정도의 균질압연장갑(반응장갑 장착 상태)을 관통할 수 있다고 전해진다.

*탠덤 방식=탄두를 앞뒤 2단으로 배치한 로켓탄 *APS=Active Protection System의 약어. 트로피나 퀵 킬, 아레나 등이 널리 알려져 있다.

● RPG-32

RPG-32는 요르단에서 발주하여 러시아 연방이 개발한 1회용 대전차 로켓 발사기이다. 구경(발사기 직경)은 105mm이며 탠덤식 성형작약탄과 열압화약을 사용한 다목적 성형작약탄을 탑재한 2종류가 있으며 제작 과정에서 발사관에 탄을 탑재하는 형태로 출하된다.

발사관   조준장치   발사기 본체

▼다목적 성형작약탄

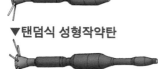

▼탠덤식 성형작약탄

RPG-32는 방아쇠가 달려 있는 발사기 본체, 조준장치, 로켓탄을 탑재한 발사관의 3개 부품으로 구성되어 있다. 출하 시에는 발사기 본체 안쪽에 조준장치를 집어넣은 다음 발사관을 발사기에 연결한 상태로 조립하여, 사용 시에는 발사관과 발사기를 분리한 후 조준장치를 꺼내 발사기의 측면에 부착한 다음 발사관을 다시 발사기에 연결하여 발사 준비 상태로 만든다. 발사관은 1회용이지만 발사기 본체와 조준장치는 재사용할 수 있다.

● RPG-30과 능동방어 시스템

메인 로켓탄은 소형 로켓탄보다 0.2초 정도 늦게 발사되어, 소형 로켓탄의 탄도를 따라간다. 먼저 발사된 소형 로켓탄이 APS를 무력화시킨 이후 메인 로켓탄이 표적을 격파하지만 목표가 APS와 반응장갑의 2중 방어 시스템을 장비하고 있을 경우에는 격파가 어렵다.

레이더파로 근접하는 대전차 미사일이나 로켓탄을 감지하면 접근 경로에 대응탄 등의 방어용 발사체를 발사한다.

밀리파 도플러 레이더를 통해 차체의 주변을 항상 감시한다.

차체 주요부분은 반응장갑으로 방어되고 있다.

발사체는 시한신관을 통해 목표가 근접한 시점에 폭발하여 파편을 분산시켜 목표를 파괴한다.

먼저 발사된 소형 로켓탄이 APS나 능동장갑 등의 능동 방어 시스템을 도발하여 무력화시킨다.

기본 장갑 외에도 반응장갑과 밀리파 레이더, 방어용 발사체(소형 미사일 등)으로 조합된 APS의 2중 방어 시스템을 탑재한 기갑차량

*반응장갑=적탄이 명중할 때의 압력에 반응하여 폭발, 성형작약탄두의 효과를 약화시키는 장갑판

31. 저격수

전장의 사냥꾼 저격수란?

모습을 드러내지 않은 채 먼 거리에서 지휘관을 사살하여 부대의 행동을 저지하거나 전령이나 무전병을 사살하여 지휘체계를 혼란시키는 등, 저격수(스나이퍼)는 적의 입장에서 봤을 때 매우 두려운 존재이다. 1명의 저격수가 부대 하나의 움직임을 돈좌시키는 경우도 있다. 저격은 매우 효과적인 전술 행동인 것이다.

저격수는 사격훈련 외에 위장, 잠복, 정보수집, 목표포착, 작전입안, 서바이벌 등, 고도의 훈련을 받는다. 미군이나 영국군에서 저격수는 일반 보병부대에 배치하지 않으며 보병부대를 지원하는 개념으로 운용된다. 소수 인원의 그룹으로 적지에 잠입하여 저격임무를 수행하는 등, 저격수는 상당히 자유로운 행동을 허가받는 존재이기도 하다.

미 육군의 경우, 지정사수Marksman라 불리는 요원이 보병부대에 배치된다. 그들은 정규 저격수만큼 고도의 훈련을 받지는 않지만 일반 병사에 비해 정밀한 사격이 가능하도록 훈련을 받는다. 이들이 몸에 걸치는 장비는 다른 일반 병사들과 같은 것이지만 일반적인 소총을 저격용으로 개조한 지정사수소총이 지급된다. 프랑스나 이스라엘, 러시아 등에서는 이와 같은 목적으로 저격수를 일반부대에 배치하는 형태로 운영하고 있다.

조준경을 똑바로 바라보며 표적과 십자선을 정확히 일치시키지 않으면 명중시킬 수 없다. 조준경으로 본 광경의 주변에 그림자가 생겼다는 건 똑바로 보고 있지 않은 상태.

조준경을 볼 때는 렌즈로부터 눈까지 5~10cm 가량 거리를 유지한다Eye relief. 조준경에 눈을 밀착시키면 발사 시의 반동으로 부상을 입을 수 있다.

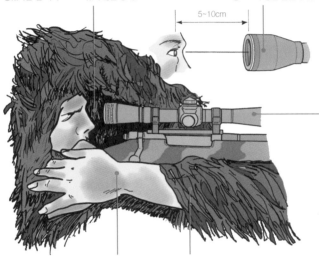

5~10cm

조준경은 렌즈에 의해 목표를 확대시켜 조준하기 쉽게 해주지만, 똑바로 보지 않으면 탄착점이 목표로부터 멀어지게 된다. 사격거리가 길어질수록 그 영향도 커진다.

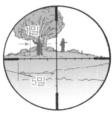

1밀

5밀

호흡을 하다가 방아쇠를 당기는 순간 호흡을 멈춘다. 표적과 십자선이 정확히 일치한 찰나에 방아쇠를 뒷쪽으로 당긴다. 방아쇠를 정확히 뒤로 당기지 않으면 총신이 흔들려서 명중되지 않는다.

소총을 확실히 견착한다. 총은 항상 몸에서 같은 위치에 놓이도록 휴대하며 손잡이를 방아쇠를 당기는 손으로 잡은 상태를 유지한다.

조준경 내에는 조준선이 표시되어 있으며 각각 눈금이 10개씩 붙어있다. 눈금 하나는 1밀Mil, 1km 거리에서 1m의 크기를 나타냄. 위 그림처럼 조준경 안의 인간이 2밀 정도의 크기로 보인다면, 표적이 되는 사람의 키를 1.8m라고 했을 때, 표적까지의 거리는 약 900m인 것을 알 수 있다.

저격 포지션에는 여러 가지가 있지만 중거리(300m 이상)나 장거리(500m 이상)일 경우에는 앉아 쏘기, 무릎 앉아 쏘기, 엎드려 쏘기 등의 자세를 사용한다. 일러스트는 무릎을 세우고 그 위에 왼팔을 올려 총기를 받치는 무릎앉아 쏘기 포지션이다. 뺨을 개머리판에 밀착시킨 다음 왼손은 총을 쥔 오른손을 감싸 안는 듯한 자세로 개머리판을 눌러 총기를 몸에 고정시켜준다.

▼**사격 포지션**

▼**조준점**

표적점

탄착점

수평이 유지된 탄착점

●**저격의 테크닉**

발사된 총알은 날아가면서 점점 중력의 영향을 받기 쉬운 상태가 된다. 먼 곳에 위치한 표적을 겨냥할수록 탄도가 크게 선을 그리게 된다. 사수는 그 점을 고려하여 사거리에 맞춰 표적점을 바꿔서 쏴야 한다. 이때 총이 흔들리면 탄착점이 흔들리게 된다.

32. 저격소총 (1)

저격 소총이라기보다는 저격 시스템

제1장 소화기

제2장 전투장비

제3장 생존장비

제4장 특수장비

제5장 미래의 보병장비

현대의 저격 소총은 정밀하게 제작된 부품을 밸런스까지 고려하여 조립할 뿐 아니라 사수의 취향에 맞춘 세부 조정까지 거친 정밀한 병기로, 단순히 소총에 조준경을 부착하는 차원을 넘어 「저격 시스템」이라 불리고 있다. 따라서 아주 당연한 이야기겠지만 저격 시스템은 전문훈련을 받은 저격수가 아니면 그 성능을 충분히 발휘할 수 없다.

저격 시스템에는 볼트액션 방식의 저격 소총이 많지만 반자동 방식의 총기도 널리 사용되고 있다. 반자동소총에는 다수의 목표에 대하여 2발, 3발 째의 사격을 신속하게 진행할 수 있다는 장점이 있으며, 미 육군에서는 M24 SWS의 후계로, 2008년부터 나이츠 아마먼트사의 M110 반자동 저격 시스템을 사용하고 있다.
전장: 1,029mm 중량: 6,940g 구경: 7.62mm x 51 NATO탄 작동방식: 가스압 작동식 유효사거리 : 약 800m 10발 또는 20발 탄창 사용

목제 개머리판은 습도나 온도에 따른 변형으로 사격에 영향을 줄 수가 있지만 유리섬유 소재의 개머리판은 그런 우려가 없다.

빙결방지 시스템

위력과 명중률을 높이기 위해, 사수 자신이 직접 약협에 발사약을 세심하게 조절하여 채워 넣은 탄약을 사용하기도 하는데, 이렇게 커스터마이즈한 탄약을 제작하는 것을 'Handloading'이라고 한다.

불필요한 힘이 들어가 조준이 틀어지는 것을 막기 위해 압력 조절이 가능한 방아쇠 시스템

미 육군의 M24 SWS. 레밍턴의 수렵용 라이플 M700 BDL을 기반으로 강력한 탄약을 사용할 수 있는 기관부, 맥밀런사의 복합소재 개머리판, 플로팅 구조로 명중률을 높인 총열, 류폴드Leupold사의 울트라M3 망원조준경, 양각대로 구성되어 있다. 일본의 육상자위대에서도 운용 중이다. 전장:1,092mm 중량: 4,400g 구경: 7.62mm x 51 윈체스터 매그넘탄 장탄수: 5발 유효 사거리: 약 800m

영국군이 채용한 어큐러시 인터내셔널사의 모델 L115A3. 전장: 1,300mm 중량: 6,800g 구경은 8.59mm 유효사거리: 약 1,100m

● 저격 시스템

대인용 저격 시스템에서 사용되는 탄약은 7.62mm가 일반적. 거리 1000m 정도까지는 충분히 목표를 제압할 위력을 가지고 있다. 한편 미 육군의 M24SWS은 거리 300m에서 직경 10cm의 원 안에 명중시키는 요구사항이 나와있다.(참고로 경찰 저격수용 저격 소총의 요구사양은 거리 100m에서 직경 6cm 정도이다)

고배율의 조준경

총열은 이른바 프리 플로팅 배럴Free-floating barrel이라 불리는 것으로, 기관부 외에 다른 접점이 없으며 스톡과도 이격된 구조로 되어 있다. 이것은 사격 시의 진동을 일정하게 하게 하여 탄도에 미치는 영향을 최소화하기 위함이며, 이 외에 사용하는 총열 자체도 대단히 높은 공작 정밀도로 완성된 것으로 교환되어 있다.

사격 시에 총을 안정시키고 조준점이 흐트러지는 것을 막아주는 양각대

33. 저격소총 (2)

지정사수소총이란?

보병소대에 배치된 지정 사수가 사용하는 지정사수소총DMR, Designated Marksman's Rifle은 저격수의 저격 시스템 정도로 정밀한 총은 아니다. 지정 사수는 보병 분대와 함께 행동하며 상황에 따라 저격수 역할을 수행하거나 일반 소총수로서 근접전투를 진행하게 된다. 이 때문에 지정사수소총은 일반 병사가 사용하는 자동 소총을 기반으로 좀 더 강화된 총열(헤비 배럴) 등의 부품을 더해 저격총으로 개량한 것으로 탄약 역시 같은 부대 내에서 공용으로 사용할 수 있는 7.62mm NATO탄 등을 사용한다.

M16A4 소총을 개조하여 저격소총으로 만든 미 해병대의 SAM-R(분대 상급 사수 소총). 여기에 사용되는 5.56mm 탄은 탄두 중량이 가벼워서 장거리 저격에는 맞지 않는다.

● SVD 드라구노프 저격소총

*SAM-R=Squad Advanced Marksman-Rifle의 약어

?mm NATO탄을 사용하는 M14 자
?총의 주요 부품을 교체하고 현대
? 개량을 가하여 만든 M14 EBR.
?소총과 지정사수소총의 중간적 존
?다.

해병대가 M14에 근대화 개량을 가
?여 저격소총으로 만든 M14 DMR.
?그레인의 매치 그레이드 M118
?장거리탄)을 사용한다.

구 공산권을 대표하는 저격소총 . 반자동 방식으로 볼트액션 방식에 비하면
명중률이 떨어지지만 매우 단순한 구조. 유효 사거리가 1,000~1,300m(실
제 전장에서는 800m 정도). 구 소련군에서는 차량화 보병 연대의 각 소대
에 드라구노프를 장비한 병사 1명을 배치하여 소대의 전진을 엄호했다.
전장 1,217mm 중량 4,400g 구경 7.62mm R(러시안) 장탄수 10발

❶방아쇠 ❷공이치기 ❸공이치기 스프링 ❹공이 ❺노리쇠 ❻가스포트 ❼총열 ❽소염기/반
동 보정기 ❾가스피스톤 ❿피스톤 로드 ⓫노리쇠 뭉치 ⓬단발자(시어) ⓭방아쇠 시어 ⓮복
좌 스프링 ⓯뺨 받침대 ⓰PSO-1 조준경(4배율)

*EBR=Enhanced Battle Rifle의 약어.

34. 저격소총 (3)

강력한 대물 저격총

브라우닝 M2 중기관총에서 사용되는 50구경 (12.7mm x 99BMG)탄을 발사하는 대형 저격총이 바로 대물 저격총Anti Material Rifle이다.

무거운 대구경탄을 사용하기 때문에 보통 저격 소총의 사거리를 훨씬 뛰어넘는 원거리의 목표를 저격할 수 있는데, 강력한 관통력으로 헬리콥터나 경장갑차량을 공격하는 것도 가능하다. 대물 저격총이라 불리면서도 언제부터인가 대테러전이나 초장거리 저격 등의 명목으로 대인사격에도 사용되고 있다.

50구경탄을 발사하는 대물 저격총 중에서 특히 유명한 바렛 M82A1. 반자동 방식으로 원거리 사격이 가능하다. 전장 1,448mm 중량 12,900g 장탄수 11발 유효사거리 1,800m

바렛 M82A1을 발사한 순간의 사진. 무거운 탄자를 고속으로 발사하여 총구 주변의 공기가 일그러지고 있다. 중량이 700g 가량 되는 12.7mm탄을 초속 980m의 속도로 발사하며, 탄창의 크기를 봐도 사용하는 탄약이 얼마나 큰지를 알 수 있다.

*50구경=0.50인치의 의미. 1인치는 25.4mm이므로 12.7mm가 된다.
*BMG=Browning Machine Gun의 약어. BMG탄은 NATO 표준 중기관총의 탄약이기도 하다.

어큐러시 인터내셔널에서 L96A1을 기반으로
개발한 50구경 대물 저격총 AW50.
전장 1,420mm 중량 15kg 유효사거리
1,500m. 볼트액션 방식이며 개머리판을 단축
시킬 수 있다.

프랑스 육군의 에카트Hécate II (FR-12.7) 총구 부분
에 반동 감소용 대형 소염기가 장착되어 있다.
전장 1380mm 총 중량 13.8kg 유효사거리 약
1800m

2002년에 캐나다군의 저격팀이 아프가니
스탄에서 2,430m라는 초장거리 저격기록
을 내놓았을 당시에 사용한 총이 맥밀런
사의 TAC500이다.
사진은 개량형인 TAC-50A1

35. 산탄총

근거리에서 절대적 위력을 발휘하는 총

제1장 소화기

산탄총Shotgun이 근거리에서 발휘하는 위력에 주목한 미군은 제1차 세계대전 당시 참호전에서 높은 전과를 거두었다. 산탄총의 특징은 총열 내에 강선이 없는 것이다. 산탄총용 탄약은 셸Shell이라 불리며, 명중률은 낮지만 다양한 종류의 탄을 사용할 수 있다는 장점이 있다. 현대의 군에서

도 일반 부대에서 시작하여 특수부대, 폭동진압 임무를 가지는 헌병대 등 다양한 부대에서 산탄총을 장비하고 있으며, 경찰에서도 권총만으로는 화력이 부족한 상황이나 시위진압 등의 용도로 사용하고 있다.

산탄총은 어디까지나 보조화기이며 돌격 소총을 대체할 수는 없다. 근거리에서는 강한 위력을 발휘하지만 총열 내에 강선이 없기 때문에 명중률이 낮으며 사거리 역시 100m 정도로 짧은 편이다. 산탄총의 구경은 게이지Gauge라 하며 10, 12, 16, 20, 410 등으로 나뉘는데, 이 가운데 12게이지가 가장 일반적이다.

[왼쪽 위] 미군의 산탄총 M26 MASS. 12게이지 구경이며 하나의 독립된 총기로 사용할 수 있다.
전장: 635mm 중량 2,450g 장탄수 5발 유효사거리 약 25m

[왼쪽] M26 MASS는 사진과 같이 M4A1 돌격 소총의 하단에 장착하는 '언더 배럴' 방식으로 사용할 수도 있다.
전장 419mm 중량 1,590g

2009년에 미 해병대에서 평가시험을 받았던 MPS-AA12. 자동사격이 가능한 산탄총으로 12게이지 탄을 사용한다. 연사속도가 분당 350발로 느린 편이지만 대신 반동이 매우 낮으며 물에 담갔다 꺼낸 직후에도 연사가 가능한 내구성을 갖춘 총이다. 또한 FRAG-12(안정날개가 붙은 소형 유탄)도 사용할 수 있다.
전장 966mm 중량 4,760g

*셸Shell=일반적인 탄두 대신 소형 납탄이 채워져있는 탄약. 국내와 일본 서적에서는 장탄이라고도 표기한다. *게이지Gauge=산탄총의 구경. 국내와 일본 서적에서는 「○○번경」이라고도 표기한다. 12게이지의 내경은 18mm *MASS=Modular Accessory Shotgun System

산탄총은 건물 돌입 시에 문의 경첩이나 자물쇠를 파괴할 수 있으며 돌입 후 만나게 되는 적을 신속히 공격할 때에도 효과적이다. 사진의 해병대원이 사용하는 것은 이탈리아의 베넬리사가 민간용으로 개발한 가스 작동식 산탄총을 미군이 전투용으로 채용한 M1014이다. 전장 1,010mm 중량 3,280g 장탄수 7발

●스나이퍼 탐지 시스템

저격당한 후 저격수가 있는 방향과 위치를 알아내는 것은 어려운 일이다. 이를 위해 개발된 장비가 스나이퍼 탐지 시스템으로서 사격 시의 발사음과 발사된 탄두의 충격파 등을 감지하여 사격위치를 특정해낸 후 그 결과를 거리 「500m, 2시 방향」과 같은 음성과 디스플레이 문자로 출력한다.

[오른쪽/왼쪽 아래] 미군이 다용도 장갑차 험비에 탑재한 레이시온사의 부메랑Ⅲ 차량 탑재형 스나이퍼 탐지 시스템.
센서 어레이(마이크 센서)에 의해 1초 이내에 적의 위치를 특정할 수 있다.

[오른쪽 아래] 미 육군이 2011년부터 지급하고 있는 IGOIndividual Gunshot Detector, 개인용 발포 탐지기. 음향 센서❶과 조작 디스플레이 장치❷로 구성되어 있으며 5.56mm 탄 또는 7.62탄의 경우 거리 400m 이내에서 10% 오차 내로 파악할 수 있다.

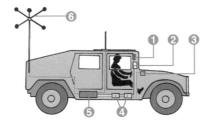

❶디스플레이 ❷스피커 ❸GPS ❹전원 ❺시그널 프로세싱 유닛 ❻센서 어레이(마이크 센서)

*IGO=Individual Gunshot Detector의 약어.

36. 기관총(1)

화력 부족을 보강해주는 기관총

보병부대의 화력부족을 보강해주는 지원화기이다. 이를 위해 반격하는 적에게 맹렬한 위력으로 탄약을 퍼부어 움직임을 봉쇄하고 돌입하는 아군 병사를 지원하는 것이 기관총이다. 돌격소

● 기관총의 운용법

우회하는 작전행동 그룹

분대지원화기사수(LSW)

소총수(R)

소총수(R)

사격지원그룹에 의한 화력지원

총도 연사는 가능하지만 자동으로 연사할 경우 순식간에 탄창이 비어버리며 총열 과열 등의 문제가 일어나기 때문에 오랜 시간 동안 연사를 하는 것은 어려운 일이다.

지원화기인 기관총은 총열과 작동부의 연사 시 발열에 대한 내구도가 높으며 대량의 탄약을 공급할 수 있는 급탄 방식을 채택하고 있기 때문에 장시간 연사가 가능하다.

또한 연사 시에도 가능한 정확히 사격할 수 있도록 양각대 또는 삼각대를 장착할 수 있다.

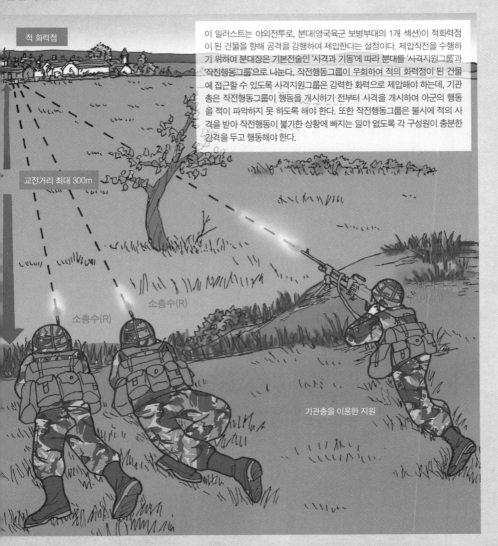

적 화력점

교전거리 최대 300m

이 일러스트는 야외전투로, 분대(영국육군 보병부대의 1개 섹션)이 적화력점이 된 건물을 향해 공격을 감행하여 제압한다는 설정이다. 제압작전을 수행하기 위하여 분대장은 기본전술인 '사격과 기동'에 따라 분대를 '사격지원그룹'과 '작전행동그룹'으로 나눈다. 작전행동그룹이 우회하여 적의 화력점이 된 건물에 접근할 수 있도록 사격지원그룹은 강력한 화력으로 제압해야 하는데, 기관총은 작전행동그룹이 행동을 개시하기 전부터 사격을 개시하여 아군의 행동을 적이 파악하지 못하도록 해야 한다. 또한 작전행동그룹은 불시에 적의 사격을 받아 작전행동이 불가한 상황에 빠지는 일이 없도록 각 구성원이 충분한 간격을 두고 행동해야 한다.

소총수(R)

소총수(R)

기관총을 이용한 지원

37. 기관총(2)

분대지원화기와 다목적 기관총

기관총은 크게 다음과 같이 구분할 수 있다.

① 병사 1명이 휴대, 조작이 가능하며 분대 단위로 장비하여 분대화력지원 임무를 맡는 경기관총

② 경기관총이 발사하는 5.56mm 탄보다 강한 위력의 7.62mm 탄을 사용하며 소대 또는 중대에 배치되어 사수와 탄약수의 2인1조로 조작하는 다목적 기관총.

③①, ②보다 위력이 강한 12.7mm 또는 14.5mm 탄을 사용하며 3~4명의 운용인원으로 팀을 구성하는 중(中)/중(重)기관총.

일반적으로 보병소대나 분대에서 사용하는 기관총은 다목적 기관총 정도까지이다. 현대의 미육군에서는 경기관총을 분대지원화기로 사용하고 있다.

다목적 기관총의 가장 큰 임무는 전진하는 아군에게 화력지원을 제공하는 것이다. 사진의 M600이나 M240 등의 다목적 기관총은 7.62mm탄을 사용하여 5.56mm 탄을 사용하는 분대지원화기보다 사거리가 길며 위력도 강력하다. 덕분에 원거리에서도 강력한 화력을 제공할 수 있지만 분대지원화기처럼 보병과 함께 행동하며 근접지원을 제공하기는 어렵다.

분대원이 적에게 돌격할 때 가까이에서 적을 화력으로 제압하는 등 전진하는 소총수와 분대장과 함께 행동하며 화력지원을 제공하는 것이 분대지원화기. 돌격 소총과 같은 구경(5.56mm NATO탄 등)의 탄약을 사용하면서도 소총보다 사거리가 길고 연사로 화력을 집중할 수 있어서 분대의 화력을 보강할 수 있다. 분대지원화기 분야에서 특히 유명한 총기 가운데 하나가 바로 사진의 M249 SAW로, 유효사거리 600m 발사속도 분당 700~1,000발/분, 보병 12명 분의 화력이라고 간주된다.

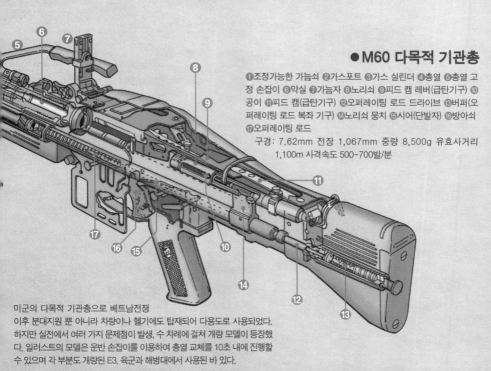

● M60 다목적 기관총

❶조정가능한 가늠쇠 ❷가스포트 ❸가스 실린더 ❹총열 ❺총열 고정 손잡이 ❻약실 ❼가늠자 ❽노리쇠 ❾피드 캠 레버(급탄기구) ❿공이 ⓫피드 캠(급탄기구) ⓬오퍼레이팅 로드 드라이브 ⓭버퍼(오퍼레이팅 로드 복좌 기구) ⓮노리쇠 뭉치 ⓯시어(단발자) ⓰방아쇠 ⓱오퍼레이팅 로드

구경: 7.62mm 전장 1,067mm 중량 8,500g 유효사거리 1,100m 사격속도 500~700발/분

미군의 다목적 기관총으로 베트남전쟁 이후 분대지원 뿐 아니라 차량이나 헬기에도 탑재되어 다용도로 사용되었다. 하지만 실전에서 여러 가지 문제점이 발생, 수 차례에 걸쳐 개량 모델이 등장했다. 일러스트의 모델은 운반 손잡이를 이용하여 총열 교체를 10초 내에 진행할 수 있으며 각 부분도 개량된 E3. 육군과 해병대에서 사용된 바 있다.

*M249 SAW=「미니미」라는 이름으로 유명. SAW는 Squad Automatic Weapon의 약어이며 「Squad」는 분대를 가리킨다.

38. 기관총(3)

여러 가지 기관총과 운용법의 차이

제1차 세계대전의 교훈을 통해 보병부대는 경기관총을 중심으로 구성되는 형태로 변해갔다. 한편 돌격 시에는 기관총이 강력한 화력으로 적을 제압하여 돌격하는 보병을 엄호하고, 사격전에서는 보병이 기관총을 엄호한다는 새로운 발상이 주목받아 그 결과물로 개발된 것이 다목적 기관총(또는 다용도 기관총)이다.

다목적 기관총은 휴대와 운용이 쉬운 공냉식 기관총으로 평소에는 경기관총으로 운용하다가 삼각대를 장착하여 중기관총으로 운용하거나 차량에 탑재하여 운용하는 것도 가능하다. 제2차 세계대전 이후의 기관총은 이러한 방식이 주류가 되었다. 7.62mm 탄을 사용하여, 분대지원화기(경기관총)보다도 사거리가 긴 것이 특징이다.

중기관총은 12.7mm 탄과 같은 대구경 탄약을 사용하는 기관총으로 1명이 휴대, 운용하는 것은 거의 불가능하다. 현역으로 사용되는 중기관총의 종류는 다목적 기관총에 비해 그다지 많지 않은 편이다.

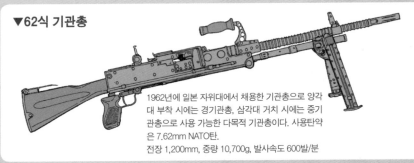

▼62식 기관총

1962년에 일본 자위대에서 채용한 기관총으로 양각대 부착 시에는 경기관총, 삼각대 거치 시에는 중기관총으로 사용 가능한 다목적 기관총이다. 사용탄약은 7.62mm NATO탄.
전장 1,200mm, 중량 10,700g, 발사속도 600발/분

사진의 MG3 다목적 기관총은 제2차 세계대전 당시 독일군이 사용한 MG42를 전후에 라인메탈사가 7.62mm NATO탄을 사용하도록 개량한 것이다. 급탄 벨트로 NATO 표준의 연결식 금속 링크를 사용할 수 있으며, 발사속도는 750발/분에서 1,100발/분까지 조절 가능. 보병용 기관총 외에 차량 탑재 및 대공사격용으로도 사용할 수 있다.

사진의 M240은 벨기에의 FN사가 개발한 FN MAG를 면허생산, 미군이 채용한 다목적 기관총이다. 프레스 가공 공법이 적용되어 생산성이 높으며 다양한 용도로 사용할 수 있는 총기이기도 하다. 단순한 구조의 FN MAG는 신뢰성이 높은 기관총으로 70여 국가에서 사용되고 있다. 전장 1,260mm 중량 11,000g 발사속도 650발/분

M2중기관총의 후계기로 개발되었던 XM312, 12.7mm탄약을 사용하면서도, 중량은 M2의 1/2 정도에 지나지 않으며 유효사거리는 2,000m 정도로 위력도 떨어지지 않았다. 운용인원도 2명이면 되기 때문에 지금까지의 중기관총과 다른 활용법이 가능할 것으로 주목 받았으나 예산 등의 문제로 현재는 사업이 취소된 상태이다.

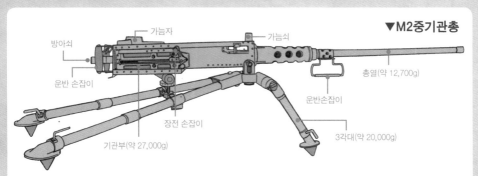

▼M2중기관총

방아쇠
가늠자
가늠쇠
운반 손잡이
총열(약 12,700g)
장전 손잡이
운반손잡이
기관부(약 27,000g)
3각대(약 20,000g)

1933년에 채용되어 현재에도 사용되고 있는 50구경 M2 중기관총. 강력한 화력을 가진 중기관총의 대명사로서 세계 여러나라에서 사용되었다. 일러스트에서처럼 3각대를 장착하여 사용하는 방법 외에 차량이나 헬기에 탑재하여 사용하기도 한다. 전장 1,666mm, 중량 45,350g(비장전상태), 발사속도 450~600발/분

39. 보병 부대의 기본 단위

기본 전투 단위는 보병 소대

● 보병 소총소대의 구성

소총소대 본부는 소대장(중위), 부소대장(소대 선임 부사관), 소대 무전병, 기관총반 2개조(1조는 사수와 부사수의 2명으로 M60 또는 M240을 장비)로 구성된다. 경우에 따라 위생병, 관측병 등이 배치된다.
소총분대는 분대장(중사), 사격반장(하사) 2명, 돌격소총M16A2을 장비한 소총수 2명, M249를 장비한 SAW사수 2명, M203 유탄

소총 소대본부

소대장(PL)

부소대장(PSG)

소대 무전병
(RATERO)

위생병
(AIDMAN)

관측병(FO)

기관총반(GPMG)

기관총반(GPMG)

사수

부사수

사수

부사수

제1소총분대

분대장(SL)

사격반장(FTL)

제2소총분대

제3소총분대

육군에서 가장 기본이라 할 수 있는 병과는 역시 보병이라 할 수 있다. 21세기의 미 육군이 편성, 운용하고 있는 스트라이커 여단 전투단처럼 다수의 차륜형 장갑차량으로 편성된 부대라 해도 여전히 하차전투를 수행하는 보병을 중시하고 있다.

　그리고 보병부대의 기본 전투단위가 되는 것이 보병 소총소대, 보병소대를 편성하는 것이 최소전투단위가 되는 보병 소총분대로서 미 육군의 경우 보병소대는 보병분대 3개와 소대본부로 구성된다(이것은 일반 보병이나 기계화보병 모두 같다).

발사기를 장착한 M16A2를 장비한 유탄사수 2명으로, 총 9명(대전차 미사일은 분대장이 2명의 소총수 중 1명을 사수로 지정)이다. 분대장은 경우에 따라 분대를 4명 1조로 하는 사격반 2개로 나누어 전투에 임하는 경우도 있다.

사격반

SAW 사수(AR)　　유탄사수(GRN)　　소총수 (R)

사격반

사격반장(FTL)　　SAW 사수(AR)　　유탄사수(GRN)　　소총수/대전차 미사일 사수 (RMAT)

인원 구성은 제1분대와 동일

인원 구성은 제1분대와 동일

40. 보병의 기본 전술(1)

전투 시의 사격과 기동 테크닉

전투에서 적과 근접한 경우에는 보병분대를 나눠서 4인 1조의 사격반으로 행동하는 것이 원칙이지만, 적에게 아주 가까이 접근한 상황이라면 부대를 다시 나누어 2인1조의 페어로 행동하는 경우도 있다. 이런 경우에도 보병의 기본전술인 「사격과 이동Fire and Movement」이 적용된다. 보병A가 지원사격을 맡아 적을 제압하는 동안 보병B가 이동하여 적에게 접근. 다음 보병B가 지원사격을 가하는 동안 보병A가 좀 더 유리한 위치로 이동. 이와 같이 번갈아서 사격과 이동을 반복하여 적에게 접근하여 최종적으로 적을 제압하는 것이다.

영국 육군의 보병. 전투행동에 반드시 필요한 물품 만을 휴대한 상태이다. 필요한 것은 개인화기와 예비탄약(탄창), 수류탄, 그리고 물 정도이다. 야전에서는 돌격소총의 가늠자를 300m 정도로 설정한다.

2인1조로 서로 엄호하며 전투행동을 수행한다. 신뢰할 수 있는 동료와 함께라면 효과적으로 행동할 수 있으며 전장에서 살아남을 확률도 크게 높아진다.

*사격으로 적을 제압= 제압사격이라 불리우는 이 사격은 반드시 적을 명중시킬 필요는 없으며 적이 머리를 들거나 움직이지 못하게 하는 것으로 충분하다.

◀돌격소총의 사격

사격은 보통 반자동(단발)로 진행한다. 근접 전투 상황 시와 같이 자동(연발) 사격이 유효한 경우도 있지만 제대로 견착을 하지 않고 마구잡이로 쏘면 탄약만 낭비할 뿐이다.

반자동 사격 쪽이 명중률도 높으며 1발씩 계속해서 사격하는 것이 방아쇠를 당긴 채로 연사하는 쪽보다 효율적인 사격을 가할 수 있다. 전투 시에는 항상 남은 탄약을 생각하는 것이 중요하다.

◀탄창 교환

보병전투에서는 혼자가 아니라 최소한 2인 1조로 행동하는 것이 원칙이기 때문에 "탄창교환"이라고 외쳐서 동료에게 알린 다음 신속하게 탄창을 교체한 후 다시 사격을 가할 수 있어야 한다. "이때다"싶은 순간에 총에 탄약이 다 떨어지지 않도록 자신이 발사한 탄수를 기억하고 있어야 한다. 탄창에 탄약을 장전할 때 뒤에서부터 3발째의 탄을 예광탄으로 채워넣으면 장전된 탄이 떨어져간다는 신호로 사용할 수 있다. 두 사람이 동시에 탄창을 교환해야 하는 상황이 되지 않도록 주의해야 한다.

▼엄폐물로부터의 이동

전투행동에서는 동료의 움직임이나 위치를 항상 파악하고 있어야 한다. 이동 시에는 함께 싸우는 동료가 유리한 위치로 이동하여 엄호사격이 가능한 상황이 된 것을 확인한 다음 자신도 이동한다. 또는 교전 중에 엄폐물로부터 이동 시 사격을 가하던 그 자리에서 바로 일어날 경우 적에게 저격당할 위험성이 있다. 엄폐물의 측면이나 뒷쪽으로 포복이동한 다음 일어날 수 있도록 해야 한다. 이동할 때는 지그재그로 전진한다.

41. 보병의 기본 전술(2)

전투 시의 사격과 기동의 주의 사항

▼엄호사격

교전 중 동료가 적에게 접근하기 위해 이동할 경우에는 반드시 엄호사격을 실시한다. 보병A는 보병B가 사격을 시작한 후 이동을 개시하며, 이동하기 전에 A는 다음 엄폐물을 파악한다. 엄호사격을 가하는 B는 적과의 교전거리가 짧아질수록 많은 탄약을 발사하여 적을 화력으로 제압, 반격

하지 못하도록 만든다. 그리고 안전하게 이동한 A가 다음 엄폐물로 이동하여 사격을 개시하면 이번엔 반대로 B가 이동한다. 이와 같은 방식으로 적에게 단계적으로 접근한다.

▼적의 사격을 회피

이동 중 적의 사격을 받았을 경우, 즉시 가까운 엄폐물 뒤로 이동, 몸을 보호한다. 적의 위치를 확실히 파악할 수 없더라도 가능하다면 적이 있다고 생각되는 방향으로 응사를 한다. 엄폐물을 확보한 후에는 주변을 감시하여 적의 위치를 파악한 후 동료에게 알리도록 하며, 엄폐하고 있다 하더라도 한 곳에 계속 있는 것은 위험하므로 다른 엄폐물로 이동, 위치를 변경한다.

▼적에게 근접하기 위한 이동

적에게 가까이 갈수록 공격당할 위험성도 높아진다. 적에게 피격당하지 않도록 몸을 낮추고 신속하게 이동한다. 지형지물을 최대한 이용하여 적에게 모습을 들키지 않도록 한다. 이동하기 전 주변을 확실하게 살펴본 후 다음 엄폐물을 파악하며 한 번에 이동하는 거리는 최대한 짧게 한다. 엄폐물이 별로 없는 개활지에서의 이동 시에는 연막탄을 사용하는 방법도 있다.

◀엄폐물과 사격

사격을 가할 때에는 엄폐물의 확보가 중요하다. 주목을 끄는 엄폐물은 몸을 숨기더라도 적의 표적이 될 가능성이 높다. 혼자 떨어진 곳에 서있는 나무 등을 엄폐물로 사용하기보다는 지면의 움푹한 곳을 이용하는 쪽이 유리한 경우도 있다. 또한 몸을 숨길 수는 있지만 적의 사격 시 피해를 막을 수 없는 은폐물인 경우에도 주의해야 한다. 몸을 숨기더라도 반격을 할 수 없는 경우도 있다. 원칙적으로 사격은 적보다 높은 위치에서 가하는 쪽이 유리하다.

42. 보병의 기본 전술(3)

보병이 중심이 되는 시가지 전투

동서냉전 이후의 전투양상은 정규군끼리의 교전보다도 지역분쟁이나 테러리스트와의 전투의 형태가 많아졌다. 21세기에 들어서면서 각국 군대는 야전에서의 전투를 중시하던 이전까지의 교리에서 시가전에 중점을 두는 형태로 변화하고 있다. 미 육군의 경우 시가전을 MOUT(도시지

[왼쪽] 시가지를 이동하는 모습. 모퉁이에서 이동할 곳을 관측할 때에는 가능한 몸을 낮춰야 한다. 건물에 접근할 때에는 창문이나 문 근처에서 머리를 낮춰서 저격에 대비한다. 지하실의 환기구 근처를 지나갈 때에는 지하에서 다리가 보이지 않도록 환기구를 뛰어넘듯이 이동하는 주의가 필요하다.

[아래] 시가지 전투에서는 원칙적으로 2인 이상의 팀으로 행동해야 한다. 각자가 담당 범위를 정해서 시야의 사각지대가 없도록 하는 것이 중요하다. 전투행동 중 적이 매복해있을 가능성이 높은 건물에 돌입할 때에는 수류탄을 사용하는 것이 원칙이다.

*MOUT=Military Operation in Urban Terrain의 약어.

역작전)이라 부르며 매뉴얼을 작성하여 훈련을 편성하고 있다.

하지만 MOUT는 매우 어려운 작전이다. 이라크 전쟁에서 전개된 시가전은 민간인이 거주하는 장소에서 일어나 무장세력과 민간인의 구별이 어려운 문제가 발생했다. 이런 지역은 폭격을 할 수도 없으며, 위력이 높은 화포를 사용하는 것도 어렵다. 도시지역에서의 군사작전의 중심이 되는 것은 결국 보병일 수 밖에 없다.

● 시가지전투의 특징

공중

건물 옥상

건물 내부

지하실

지하철

하수구 또는 지하 터널

시가지 전투는 지상은 물론 건물 내부와 옥상은 물론 지하시설까지, 전투공간이 3차원적으로 전개된다는 것이 특징으로, 시가지에서는 기갑차량이 야전에서처럼 위력을 발휘할 수 없기에 보병을 중심으로 하며 차량은 보병을 지원하는 형태로 운용된다. 또한 소탕작전의 경우 어디에 적이 매복하여 언제 공격해올지 모르기 때문에 각별한 주의가 요구된다.시가전에서는 ① 항상 몸을 낮출 것 ② 오픈 에리어(어디서 보더라도 몸을 숨길 곳이 없는 개방된 장소)는 피할 것 ③ 이동하기 전 다음 목표지(엄폐가 가능한 곳)를 파악할 것 ④ 가능한 눈에 띄지 않게 이동할 것 ⑤ 신속히 이동할 것 ⑥ 지원사격으로 현 위치를 제압할 것(기관총수는 아군의 움직임을 확인, 화력지원이 가능한 장소에 위치하여, 아군이 공격당할 경우 즉시 반격하여 제압할 수 있을 것) ⑦ 여러 상황을 가정, 돌발 사태가 발생하더라도 즉시 대응할 수 있을 것과 같이, 시가전의 기본 원칙을 지키며 행동해야 한다.

CHAPTER 2

Combat
Equipments

제2장

전투장비

위장복, 방탄복, 헬멧에서부터 군용 무전기까지.
제2장에서는 보병이 몸에 걸치는 장비와
개인화기 이외의 필수품을 소개한다.

01. 위장복(1)

위장무늬라면 역시 우드랜드

1981년에 등장하여 위장복의 대명사격 존재가 된 것이 바로 우드랜드 패턴 BDU이다. 우드랜드 패턴이란 동서냉전시대에 주요 전장이 되리라 예상된 유럽, 그 중에서도 독일 삼림지대에서의 위장효과를 고려한 위장 패턴이다.

정식명칭은 M81 BDU로, 미군 병사들을 위해 개발되어 육·해·공 및 해병대 등 미군 전체에서 사용되었다. 이후 이 위장패턴과 BDU 디자인을 모방한 전투복이 세계 각국의 군대에서 사용되었다.

미군의 우드랜드 패턴 위장 BDU는 1981~2005년까지 사용되었다. 크게 초기형, 중기형, 후기형으로 나눌 수 있는데 중기형(1984~1995년무렵까지 생산)부터 논 립 원단을 이용한 전천후용과 립스탑 원단을 사용한 열대 기후용이 만들어졌다.
BDU는 상의와 하의로 구성되어 하의는 양쪽 허벅지 부분에 대형 카고 포켓(일명 건빵 주머니)가 달린 8포켓식 카고 팬츠이다.

*BDU=Battle Dress Uniform의 약자.
*세계 각국의 군대에서 사용된 것은 미국이 동맹국을 상대로 폭넓은 군사원조를 전개했기 때문이기도 하다.

●우드랜드 패턴의 위장 BDU의 특징

상의 앞섶의 제1단추를 채우면 스탠딩 칼라 형태로도 착용할 수 있다.

어깨 견장끈. 원래는 허리띠의 어깨끈을 걸쳐 고정하기 위한 것으로 한국군 등 일부 국가에서는 견장을 부착하는 용도로도 사용한다.

앞섶은 단추로 잠그며 단추는 옷깃으로 가려진다.

소속 명찰

이름 명찰

덮개가 달린 가슴 주머니

팔꿈치를 덧대서 강화시킨 소매

소매 너비를 조절하는 단추

소매 끝은 단추로 여밀 수 있다.

상의 아래 주머니에도 덮개가 달려있으며 많은 물품을 휴대할 수 있도록 디자인되어 있다.

몸통 부분을 조여 몸에 딱 맞게 밀착시키기 위한 탭. 탄추로 고정된다.

바지 앞주머니

오른쪽 주머니 안쪽에는 필기구 등을 넣기 위한 소형 주머니가 별도로 부착되어 있다.

허리띠 고리

허리띠를 착용하지 않더라도 허리를 몸에 맞게 조절할 수 있는 조절띠가 허리 양쪽 허리띠 고리 부분에 부착되어 있다.

바지 양쪽 허벅지 부분에는 카고 포켓이 부착되어 있다. 많은 물품이 들어가도록 주름이 잡힌 디자인이다.

단추식의 바지 앞섶

무릎 부분은 내구성을 높이기 위해 천이 이중으로 덧대어져 있으며 바지 안쪽으로 무릎패드를 집어넣을 수도 있다.

BDU 하의는 6주머니 방식의 카고팬츠이다. 일러스트는 앞면. 뒷면에도 2개의 엉덩이 주머니가 있다.

일러스트는 후기형 BDU의 상하의이다. 초기형은 코튼, 나일론의 50% 혼방으로 립스탑 원단을 사용한 전천후 대응형이다.후기형에서는 적외선 대응도 고려되었다.

바지 발목구멍을 통해 전투화에 이물질이 들어가거나 바지 밑부분이 흐트러지는 것을 막아주는 발목 조임끈

02. 위장복(2)

디지털 위장 무늬를 사용한 전투복

제1장 소화기

제2장 전투장비

제3장 생존장비

제4장 특수장비

제5장 미래의 보병장비

2004년에 미 육군은 UCP(통합 위장 패턴)이라 불리우는 새로운 디지털 위장 패턴의 ACU(육군 전투 유니폼)을 채용했다. 이전까지의 전투복의 위장은 "발견되지 않는 것"을 중시하였지만 UCP는 발상을 전환하여 "발견되더라도 정확히

파악하기 어렵게 할 것"을 중시하여 개발되었다. 이 패턴은 1970년대에 진행된, 인간의 물체 형태 인식과 기억에 관한 연구를 참고하여 컴퓨터 디자인을 통해 개발되었다. 도심지, 삼림지대, 사막지대 등 다양한 환경에 대응할 수 있는 위장이다.

컴퓨터 디자인에 의해 개발된 UCP 패턴을 적용, 1980년대에 채용되어 미군 전투복의 자리를 지켜온 BDU를 대체한 것이 ACU이다. 위장패턴 뿐 아니라 단추를 사용하던 BDU와 달리 ACU는 벨크로를 곳곳에 적용하였으며 방탄복의 착용을 전제로 하여 곳곳의 디자인을 단순화시켰다.
ACU는 상의와 하의로 구성되는데 하의는 카고 팬츠이며 소재는 코튼, 나일론 50% 혼방으로 립스탑 나일론(원단에 구멍이 나도 크게 벌어지지 않는다)을 채택했다.

*UCP=Universal Camoflage Pattern의 약어 *ACU=Army Combat Uniform의 약어
*벨크로=흔히 말하는 '찍찍이', '매직테이프'를 말한다

양 어깨에는 덮개가 달린 패치 포켓이 달려있다. 주머니에도 벨크로를 사용하며 덮개에는 적외선 마커를 부착한다.

어깨 부분에는 택이 들어있다.

일반 칼라와 차이나 칼라 형태로 착용이 가능하다.

계급장을 부착하는 부분

팔꿈치 부분은 천을 덧댄 이중 구조. 내부에는 팔꿈치 보호대를 삽입할 수 있다.

소매 부분에는 벨크로로 고정되는 탭이 있어, 착용자의 손목에 맞게 조일 수 있다.

칼라는 벨크로로 여닫는 형태

팔 주머니의 벨크로 부분에는 소속부대의 패치 등을 부착한다

펜 주머니는 왼팔 아래쪽에 부착되어 있다

앞섶은 신속히 벗고 입을 수 있도록 지퍼 형식으로 변경

명찰도 벨크로 부착 방식으로 변경

우드랜드 위장 BDU 바지는 허리 부분에 조임 장치가 있었으나 ACU는 바지 허리둘레 안쪽에 조임띠를 내장하는 형태로 변경되었다.

● **ACU의 특징**

엉덩이 부분을 보강하기 위해 천을 덧대었다.

벨트 루프

포워드 포켓

힙 포켓

양다리 허벅지 부분의 카고 포켓은 각도를 변경하여 쓰기 편하도록 했다.

카고 포켓 부분은 플리츠와 플랩이 들어간 패치 포켓. 안쪽에는 소형 포켓이 설치되어 있다.

엉덩이 주머니

◀**앞면**

◀**뒷면**

발목 조임끈

차량 승차 시 물품을 넣고 빼기 쉽도록 종아리 옆부분에 작은 주머니가 추가되었다.

주머니 덮개를 열지 않고도 물건을 넣고 꺼낼 수 있도록 주머니 옆쪽에 지퍼가 추가된 카고 포켓

03. 위장복(3)

여러 지형에 대응 가능한 위장복

2010년 미 육군은 아프가니스탄에서의 운용 시험 결과를 기준으로 이전까지 채용되어온 디지털 위장 패턴의 UCP(통합위장패턴)을 대신하여 신형 위장패턴인 멀티캠(미 육군에서의 명칭은 OCP)를 채용했다. 위장 패턴 뿐 아니라 전투복 상하의의 디자인도 새로이 바뀌었는데, 이것은 ACU와 비슷한 디자인이지만 전장에서 격렬하게 움직이더라도 불편하지 않도록 신축성을 가진 소재를 사용, 마치 운동복을 연상시키는 착용감이다. 여기에 더하여 ACP(전투복 바지)는 소재에 내화성 레이온, 파라아미드, 나일론 혼방으로 내화기능이 부여되었는데, 이들 ACP와 ACS의 디자인은 타국의 군대에도 유입되었다.

멀티캠 위장 패턴은 영국군이나 오스트레일리아군에서도 채용되고 있다. 사진은 오스트레일리아군 병사로, 미군의 ACP와 같은 옷을 입고 있다. OCP라는 명칭으로 채용된 멀티캠은 크라이 프리시전Crye Precision에서 개발하여 다양한 지형에 대응할 수 있는 위장 패턴이다. 미군에서는 아프가니스탄에서 시험운용해본 결과 UCP보다도 효과적이라고 판단되어 채용되어 2010년부터 OCP위장전투복이 아프가니스탄에 배치되는 부대에 우선적으로 지급되었다.

*OCP=Operation Camouflage Pattern의 약어 *ACP=Army Combat Pants의 약어 ACS=Army Combat Shirt의 약어

ACS는 코튼과 레이온을 주소재로 하여 스판덱스, 폴리에스테르 등을 혼방한 소재로 만들어진 셔츠로, 방탄복 등의 장비를 착용했을 때 가려지는 부위는 셔츠, 노출되는 소매와 어깨 부분은 ACU와 같은 위장복 형태로 구성되어 있다. 양팔 어깨 부위에는 지퍼로 여닫을 수 있는 패치 포켓❶이 달려 있다. 팔꿈치 부분에는 탄력이 있는 소재를 채용, 충격흡수구조로 만들어진 패드가 들어 있다.

셔츠의 옆구리❷부분은 OCP(멀티캠)의 ACU와 같은 디자인(방탄복을 착용하더라도 바깥으로 드러나는 부분의 위장효과를 높이기 위해)이다. 앞부분과 등부분은 높은 통기성과 땀 흡수 기능을 지닌 기능성 운동복처럼 디자인되어 있다. 특히 목❸과 배❹ 부분은 메시 소재를 사용하고 있는데 이것은 방탄복이나 플레이트 캐리어 착용 시의 착용감과 피로도를 고려한 것이다.

▼ACS

무릎 위의 주머니 덮개 안쪽에는 무릎 보호대 삽입구를 여미는 용도의 조임끈이 부착되어 있다.

바지 앞섶 끝은 벨크로 고정

바지 앞섶은 지퍼 방식

무릎 위 주머니

벨트 루프

바지 앞주머니

주름 디자인이 없어진 카고 포켓

무릎 윗주머니

이 부분에서 무릎 보호대 삽입부를 고정한다.

무릎 보호대 (외측부)

무릎 보호대 내측 삽입부

무릎 보호대 주머니 덮개. 무릎 보호대를 삽입하지 않을 때 삽입부를 막는다.

무릎 보호대 삽입부

무릎 주변에는 활동성을 높이기 위해 신축성 소재가 사용되고 있다.

무릎 보호대를 밀착시키기 위한 고정띠. 벨크로로 고정한다.

소형 주머니

바지 소매 고정 태그

◀ACP

전투 시에 병사들이 착용하는 ACP는 바지에 무릎 보호대가 부속으로 포함되어 있는 점이 가장 큰 특징이다. 무릎 보호대는 고무처럼 탄력이 있는 엘라스토머와 같은 신소재와 네오프렌 소재를 채용하여 딱딱한 지면이나 충격으로부터 무릎을 확실하게 보호해 준다.

일러스트처럼 무릎 보호대는 무릎 부분의 삽입구를 통해 집어넣은 후 벨크로로 구멍을 닫아서 고정해준다. 또한 무릎 양옆의 조임 장치를 이용해 무릎 보호대를 더욱 단단히 고정할 수 있다. 일러스트에서는 안 보이지만 전투복 뒷면 엉덩이 부분에는 주머니가 2개 있다.

04. 위장복(4)

미 해병대의 독자적인 위장복

위장복은 스텔스 기술이라고도 할 수 있다. 즉 시각적으로 적을 속이기 위해서 인체의 실루엣을 지우고 주변의 지형에 녹아들게 하는 것이 중요한데, 이러한 점을 충분히 고려하여 개발한 것이 미 해병대에서 한 발 앞서 도입한 MARPAT(해병대 패턴)의 위장전투복으로, 컴퓨터 디자인을 통해 만들어진 패턴이라는 점이 특징이다.

최근에는 육군의 ACS와 비슷한 디자인인 MARPAT FROG라는 전투 셔츠도 사용되고 있으며, 양자 모두 중동이나 아프가니스탄 등 분쟁지역에 우선적으로 전개되는 일이 많은 해병대에 맞는 전투복이다.

[오른쪽] 미 해병대의 MARPAT에는 사막 패턴과 우드랜드 패턴의 2가지가 있다. MARPAT으로서는 최초에 채용된 것이 사진의 우드랜드 패턴. 개발에는 1년 반이 걸렸다(캐나다 육군에서 채용한 CADPAD 패턴을 참고하였더는 설도 있다. 캐나다군에서는 1980년대 말부터 컴퓨터 디자인으로 만들어진 위장복 개발을 진행했다.
[아래] 해병대의 신형 방탄복 MTV 아래에 MARPAT FROG를 착용한 것을 알 수 있다.

*MARPAT=MARine PATtern의 약어로 '마팟'이라고 읽는다. *MTV=Modular Tactical Vest의 약어.

▶USMC MARPAT BDU

미 해병대의 MARPAT 전투복은 상의와 하의로 구성되어 하의는 카고 팬츠이다. 소재는 나이론과 코튼 50% 혼방. 상의는 앞섶을 5개의 단추로 여미는 방식이며 양 가슴 부분에 덮개가 달린 주머니가 하나씩, 왼팔 어깨 부분에 덮개 달린 소형 주머니가 부착되어 있다. 또한 왼쪽 가슴 주머니에는 해병대 마크가 새겨져 있다.
상의 밑부분은 바지의 카고 포켓을 덮지 않는 정도의 길이이다. 소매에는 끝을 여밀 수 있는 띠가 있으며 다른 전투복과 달리 여기에 직접 고정용 단추가 달려있는 것도 특징이다.
바지는 앞주머니, 엉덩이 주머니, 카고 포켓이 각각의 부위에 부착되어 있는 전형적인 카고 팬츠 디자인이다.

목 칼라

해병대 마크 각인

소매 조절띠

▼USMC MARPAT FROG

크라이 프리시전사의 전투 셔츠를 기반으로 USMC MARPAT FROG라 불리우는 신형 전투 셔츠.
육군의 ACS와 동시에 배치된 중동지역 등지에서 방탄복 등의 전투장비를 착용하여 전투를 진행한 결과 병사들이 받는 피로와 스트레스를 줄이기 위해 고안되었다.
전체적으로 가벼우며 기능성 소재로 만들어져 장시간 작업에도 쾌적한 착용감을 느낄 수 있도록 만들어졌다. 소매 부분은 내구성을 높인 나일론과 코튼 50% 혼방을 사용하고 있다. 이 전투셔츠에 맞춘 바지도 있다.

양팔 부분에는 덮개가 달린 패치 주머니가 부착.

칼라는 지퍼로 여닫는 방식이며 차이나 칼라 방식으로 착용할 수도 있다. 소재도 MARPAT 위장 패턴을 적용했다.

보강된 디자인의 소매에는 팔꿈치 보호대를 집어넣을 수도 있다.

벨크로 태그로 통을 줄일 수 있는 소매

전투장비 착용 시 장비로 가려지는 몸통 부위는 신축성과 통기성, 땀 흡수 기능 등을 갖춘 기능성 소재로 가공되어 있다.

바지의 명찰 태그

앞주머니

엉덩이 주머니

주름이 잡힌 대형 카고 포켓

무릎 덧댐 천

발목 조절끈

*USMC=United States Marine Corps의 약어

05. 개인 장비의 휴대(1)

개인 휴대 장비의 혁신 IIFS

전장에서 보병이 갖추지 않으면 안되는 장비는 셀 수 없이 많으며 이를 효과적으로 휴대하기 위해서 다양한 개인휴대장비가 개발되었다.

▶IIFS

이전까지 장비품은 전투용 허리띠에 차는 것이 일반적이었지만 1980년대 말에 미 육군이 채택한 IIFS(통합형 개인전투시스템)은 각종 휴대용 주머니(파우치)를 가슴에 착용하는 방식이었다. 코듀라 나일론 소재를 채택하여 중량 경감에 성공했다.

ALICE는 미 육군이 베트남전쟁의 경험을 통해 기존의 허리띠식 장비를 기반으로 착용자에게 부담을 주지 않는 단순한 디자인으로 개발하여 1974년부터 사용했다.

▶ALICE

PASGT 헬멧

PASTGT 조끼(방탄복)

전술형 중량 적재 조끼

우드랜드 패턴 전투복

*IIFS=Interrated Individual Fighting System의 약어. *ALICE=All Purpose Lightweight Individual Carrying Equipment의 약어

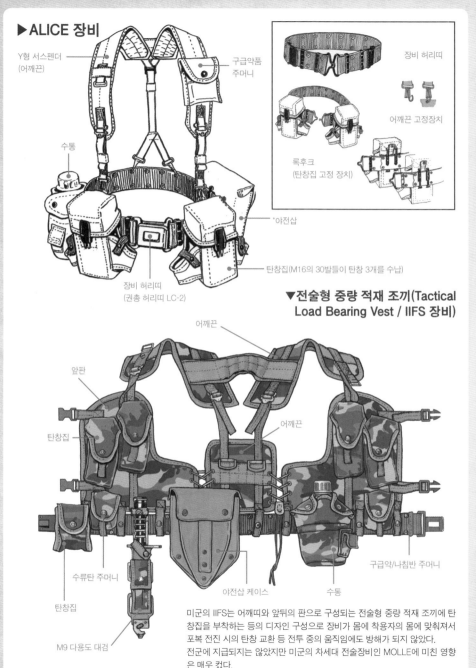

▶ALICE 장비

Y형 서스펜더
(어깨끈)

구급약품
주머니

수통

장비 허리띠

어깨끈 고정장치

록후크
(탄창집 고정 장치)

*야전삽

탄창집(M16의 30발들이 탄창 3개를 수납)

장비 허리띠
(권총 허리띠 LC-2)

▼전술형 중량 적재 조끼(Tactical
Load Bearing Vest / IIFS 장비)

어깨끈

앞판

어깨끈

탄창집

수류탄 주머니

야전삽 케이스

구급약/나침반 주머니

수통

탄창집

M9 다용도 대검

미군의 IIFS는 어깨띠와 앞뒤의 판으로 구성되는 전술형 중량 적재 조끼에 탄
창집을 부착하는 등의 디자인 구성으로 장비가 몸에 착용자의 몸에 맞춰져서
포복 전진 시의 탄창 교환 등 전투 중의 움직임에도 방해가 되지 않았다.
전군에 지급되지는 않았지만 미군의 차세대 전술장비인 MOLLE에 미친 영향
은 매우 컸다.

*야전삽=참호Trench를 파는 도구라는 의미에서 영어로는 Entrenching tool이라 한다.

06. 개인 장비의 휴대(2)

획기적인 MOLLE 시스템

1990년대말 미군의 신형 개인 휴대장비 시스템으로 제식채용된 것이 몰리(MOLLE) 시스템이다. 이 시스템은 장비류 장착의 기본이 되는 조끼, 주머니 등을 시작으로 하는 FLC(전투 장비품), 배낭(프레임, 기본 배낭, 정찰 배낭 등)으록 구성되어 있다.

2012년 이래 사용된 MOLLE는 초기형인 MOLLE I의 FLC조끼와 허리띠를 일체화하여 허리띠의 프레임 장착 부품을 폐지하는 등의 개량이 가해졌다.

2007년 무렵 이라크에서 활동 중인 미 육군 병사.
ACU 위장패턴 전투복과 인터셉터 방탄폭을 착용한 위에 MOLLE의 FLC조끼를 걸쳐서 장비품을 휴대하고 있다.
2005년에는 ACU 위장이 채용되어 MOLLE도 같은 위장패턴으로 변경되었다.

MOLLE 시스템은 사용하는 병사의 임무에 따라 다양한 장비품을 구성할 수 있으며 코듀라 나일론 소재를 사용하고 있다.

▼소총수 사양

▼소총수 사양

프레임

기본 배낭

정찰 배낭

측면 수납 주머니

침낭

엉덩이 주머니Butt Pack

허리띠

*MOLLE=MOdular Lightweight Load-carrying Equipment의 약어 *FLC=Fighting Load Carrier의 약어

▼MOLLE 시스템

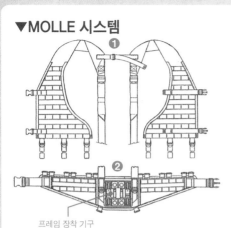

프레임 장착 기구

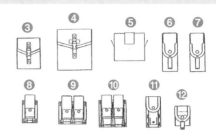

❶FLC조끼 ❷허리띠 ❸100발들이 다용도 주머니 ❹200발들이 다용도 주머니 ❺구급약 주머니 ❻30발 탄창 1개들이 주머니 ❼30발 탄창 2개들이 주머니 ❽40mm 유탄 주머니 ❾40mm 유탄 2개들이 주머니 ❿40mm 조명탄 2개들이 주머니 ⓫9mm 탄창집 ⓬구급약/나침반 주머니

▲MOLLE I 시스템

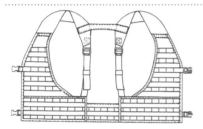

▲MOLLE II FLC 조끼

MOLLE II는 FLC 조끼와 허리띠를 일체화하여, 허리띠와 기본 배낭을 부착하기 위한 프레임 장착 부품이 폐지되었다.

▼장비 부착 시스템

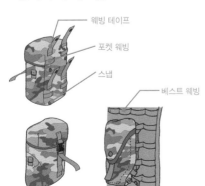

웨빙 테이프

포켓 웨빙

스냅

베스트 웨빙

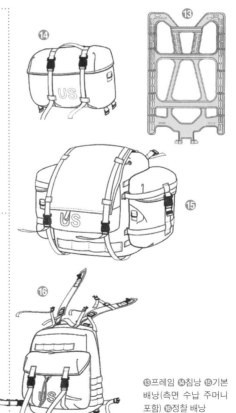

⓭프레임 ⓮침낭 ⓯기본 배낭(측면 수납 주머니 포함) ⓰정찰 배낭

07. 개인 장비의 휴대(3)

특수부대에서 선호하는 휴대 시스템

일반 보병에 비해 휴대하는 장비가 많으며 활동성을 중시하는 특수부대나 레인저 부대 대원은 방탄복보다 플레이트 캐리어나 체스트 리그(탄입대)를 선호한다. 양자 모두 상반신에 착용하고 각종 장비를 휴대하기 위한 것으로서 그 자체로는 방탄 성능이 없지만 상황에 따라 케블러 소재의 소프트 아머나 세라믹 소재의 방탄판을 삽입하여 방호능력을 강화할 수 있다. 일반적인 방탄복에 비한다면 가벼운 편이지만 몸통 부분 정도로 보호부위가 제한된다는 단점이 있다.

플레이트 캐리어는 앞가리개, 체스트 리그는 복대 형태라는 모양새의 차이점은 있지만 양쪽 모두 웨빙 테이프를 이용하여 다양한 장비품을 휴대할 수 있다는 공통점이 있다.

전투 훈련 중인 미 해군 특수부대 SEALS 대원. 우드랜드 패턴 위장 전투복 위에 플레이트 캐리어를 걸치고 있다.

▼PCWC

〈앞면〉

조끼 웨빙

커머번드

〈뒷면〉

PCWC는 웨빙 테이프로 장비를 부착·휴대할 수 있는 전술 조끼 기능을 지니면서 동시에 방탄판을 삽입, 방탄복으로 사용 가능한 플레이트 캐리어이다. 미 육군에서는 몇 종류의 플레이트 캐리어가 사용되고 있으며 일러스트는 그 중 표준적이라 할 수 있는 것이다.

*몸통 외에 사타구니까지 방어할 수 있는 그로인 아머를 장비할 수 있는 타입도 있다.
*PCWS=Plate Carrier With Cummerbund의 약어

제1장 소화기

제2장 전투장비

제3장 생존장비

제4장 특수장비

제5장 미래의 보병장비

부상병 운송 훈련 중인 파라레스큐 대원들. 구급용품을 수납한 배낭을 메고 낙하산 강하하는 경우가 많기 때문에 등부분이 비어있는 디자인의 체스트 리그를 선호한다고 한다. 사진의 대원도 체스트 리그를 착용하고 있다. 멀티캠(멀티캠은 개발사의 명칭으로 미군에서는 OCP라는 명칭을 사용) 위장전투복을 입고 있는 모습.

어깨띠

▶스트라이크 코만도 리콘 체스트 하네스

앞판(각종 주머니를 장착할 수 있는 웨빙 테이프 장착)

3개들이 탄창집

권총 탄창집

블랙호크사에서 개발한 체스트 리그로, 웨빙 테이프가 부착된 복대 형태의 앞판을 어깨띠로 걸쳐 입는 방식이다. 미 공군의 특수부대인 CCT나 파라레스큐 대원이 사용하고 있다. 일러스트의 파라레스큐 대원은 ABU 위장전투복 위에 체스트 리그를 착용하고 있다.
ABU는 미 공군이 채용한 위장전투복으로 얼핏 보기엔 육군의 ACU와 비슷하지만 타이거 스트라이프 패턴을 사용하는 것이 특징이다.

*CCT=Combat Controller Team의 약어 *ABU=Airman Battle Uniform의 약어

08. 개인 장비의 휴대(4)

전술 조끼란?

전술 조끼는 각종 주머니 등을 부착하여 장비품을 수납, 휴대할 수 있도록 한 조끼이다. 주머니 부착을 위해 초기에는 벨크로나 스냅 단추 등을 사용하여 목적과 기호에 따라 주머니를 부착할 수 있었다. 다수의 장비품을 수납할 수 있어서 특수부대 등지에서 즐겨 사용했다.

또한 SWAT와 같은 경찰 특수부대에서도 방탄복을 입은 위에 전투에 필요한 장비품 등을 수납한 전술 조끼를 착용하여 돌입작전 등에서 사용했다.

전술 조끼를 착용한 이스라엘 국방군 병사

*패스텍스Fastex=플라스틱제 고정 버클

(아래) 특수한 군용 전술 조끼 중 하나가 일러스트의 이스라엘 국방군의 IDF 정찰·수색 베스트IDF Reconnaissance Vest이다. 이것은 이스라엘군 특수부대가 사용한 전술 조끼로, 1980년대 후반부터 사용되어 현재는 개량형인 Mod-2가 지급되고 있다. 착용자의 복부에 해당되는 조끼 앞부분에는 탄창집 4개, 유탄 주머니 4개, 구급상자/나침반 주머니, 무전기 주머니가 있으며 뒷부분에는 수통 2개, 대형 수납주머니 1개, 수납주머니 1개 등이 부착되어 있어서 이 조끼 1벌이면 단기 작전에 필요한 대부분의 장비품을 휴대할 수 있다.

❶사이즈 조절용 *패스텍스 ❷수류탄 주머니 ❸조끼 고정용 파스텍스 ❹탄창집 ❺무전기 주머니 ❻구급약 주머니 ❼수통 ❽대형 수납주머니

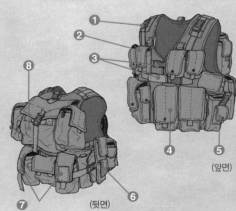

(앞면)

(뒷면)

▼GSG9 돌입용 장비

독일 연방경찰 특수부대 GSG9이 사용한 전술 조끼는 다른 경찰 특수부대와 마찬가지로 돌입작전에 필요한 장비 만으로 구성되어 있다.

❶AM-95 헬멧(미키마우스라 불리우는 독특한 형태의 티타늄 헬멧) ❷노멕스 내화소재 글러브 ❸다목적 주머니 ❹결박용 타이 ❺탄창집 ❻무전기 송수화 버튼 ❼모듈식 전술 조끼 ❽무전기 주머니(주로 모토로라 무전기를 사용) ❾대형 다용도 주머니(가스 마스크 등을 수납) ❿ 권총 허리띠 ⓫ 노멕스제 전투복 ⓬ 전술 부츠 ⓭ 허벅지 권총 주머니(신속수납형) ⓮ 방탄복(GSG9은 방탄복을 착용하고 그 위에 전술 조끼를 장비한다) ⓯노멕스제 안면 마스크

GSG9 대원의 돌입 장비. 권총은
H&K의 USP나 P30을 사용

[위] GSG9의 신형 전술 조끼를 착용한 대원. 조끼 중앙의 앞 지퍼 양쪽에는 주머니 등을 장착하기 위한 다수의 벨크로와 웨빙 테이프가 부속되어 있다. 사진은 2009년의 것.
[아래] 다리 장착판에 장착한 권총 주머니에 H&K의 USP나 P30이 수납되어 있다.

*GSG9 대원의 돌입 장비=일러스트는 2007년 무렵의 것으로 현재에는 일부 장비가 신형으로 변경되었다.

09. 방탄복(1)

대표적의 방탄장비의 구조는?

　현대의 방탄복은 케블러나 스펙트라와 같이 연성이 높으며 충격 흡수능력이 높은 유기 고분자 소재를 사용하여 권총탄 정도는 직격으로 맞아도 막아낼 수 있다. 하지만 소총탄의 직격은 막을 수 없기 때문에 추가 장갑으로 세라믹 방탄판을 삽입할 수 있는 방탄복이 개발되었다. 총탄이나 파편이 맞은 부위의 세라믹 소재가 깨지면서 총탄의 운동 에너지를 분산, 소멸시키는 원리가 적용되었는데, 최신 방탄복 중에 이러한 방식을 채택한 것이 많으며 대표적인 것으로 미 육군이 채용한 인터셉터 방탄복을 들 수 있다.

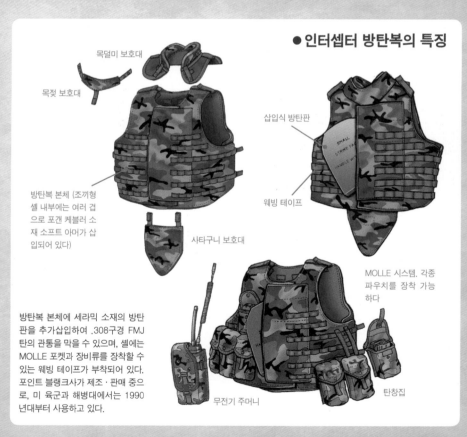

● 인터셉터 방탄복의 특징

목덜미 보호대

목젖 보호대

삽입식 방탄판

SMALL
STRIKE FACE
HANDLE WITH

웨빙 테이프

방탄복 본체 (조끼형 셸 내부에는 여러 겹으로 포갠 케블러 소재 소프트 아머가 삽입되어 있다)

사타구니 보호대

MOLLE 시스템, 각종 파우치를 장착 가능하다

방탄복 본체에 세라믹 소재의 방탄판을 추가삽입하여 .308구경 FMJ탄의 관통을 막을 수 있으며, 셸에는 MOLLE 포켓과 장비류를 장착할 수 있는 웨빙 테이프가 부착되어 있다. 포인트 블랭크사가 제조 · 판매 중으로, 미 육군과 해병대에서는 1990년대부터 사용하고 있다.

무전기 주머니

탄창집

이라크에서 정찰 중인 미 육군 병사. 인터셉터 방탄복을 착용한 위에 어깨와 팔 상박을 보호할 수 있는 방호구를 추가로 걸치고 있으며 방탄복의 웨빙 테이프에는 탄창집 등 다양한 주머니들을 부착하고 있다.

▼인터셉터 OTV

미 해병대의 인터셉터 OTV(해병대에서는 인터셉터처럼 방탄판을 삽입하거나 각종 주머니와 장비류를 부착할 수 있는 방탄복을 OTV라고 부른다).
육군에서 사용하고 있는 인터셉터의 개량형이기에 해병대의 전술적 상황이나 교리에 맞지 않는 부분이 있었으며, 이를 보완하기 위해 개발된 것이 바로 해병대용 최신예 방탄복인 MTV이다.

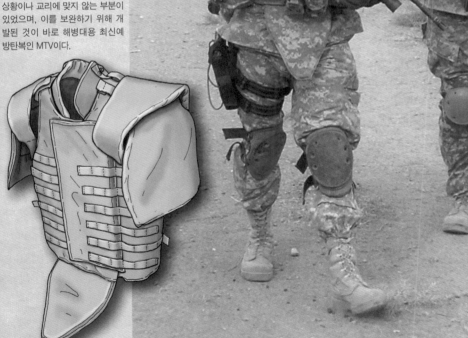

*OTV=Outer Tactical Vest의 약어.

10. 방탄복(2)

미 육군 신형 방탄복

미 육군이 인터셉터를 대신할 신형 방탄복으로 2008년부터 배치를 시작한 것이 IOTV이다. 이 모델도 인터셉터와 마찬가지로 장착식 방호구와 삽입식 방탄판에 의해 내탄 성능을 향상시킬 수 있는 모듈식 방탄복으로서 인터셉터가 몸통

측면의 방어능력이 부족했던 점을 보완하기 위해 개발되었다. 병사가 부상당했을 때 응급처치하거나 장비를 신속히 벗어야 할 때를 위한 신속탈착(퀵 릴리스) 기능이 적용된 것도 특징이다.

[왼쪽] IOTV는 몸에 가해지는 중량의 밸런스와 착용 시의 통기성 등 다양한 점에서 인터셉터보다 향상된 성능을 가지는 것을 목표로 설계되었다.
미 육군에서는 2007년에 ACU와 같은 UCP위장 패턴의 IOTV(왼쪽)을 채용하여 2008년부터 일선 장병에게 지급했다.
[아래] 현재는 멀티캠 패턴을 사용하는 개량형 2세대 모델인 IOTV Gen2도 사용되고 있다.

*IOTV=Improved Outer Tactical Vest의 약어

●IOTV의 특징

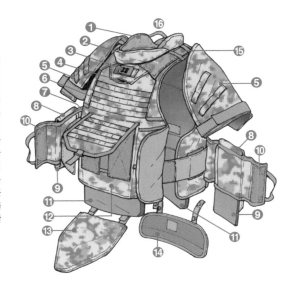

❶목 측후면 보호대 ❷목젖 보호대 ❸계급장
(벨크로 방식) ❹퀵 릴리스 핸들(여기를 당기
면 방탄복이 바로 앞뒤의 2부분으로 분리된
다) ❺팔 상박 보호대(인터셉터와 공용으로 사
용 가능한 부품) ❻웨빙 테이프 ❼앞면 방탄판
삽입구 덮개 ❽측면 방탄판 삽입구(몸통 옆면
에 추가장갑을 삽입 가능) ❾측면 방탄판 ❿안
쪽 밴드 ⓫강화형 삽입식 세라믹 방탄판 ⓬앞
면 방탄판 삽입구 ⓭사타구니 보호대 ⓮엉덩
이 보호대 ⓯어깨띠(앞판과 뒷판을 연결하는
결합 밴드) ⓰운반손잡이 (방탄복을 손으로 운
반하거나 방탄복을 착용한 병사가 부상당했을
경우, 끌어당겨 신속히 안전한 곳으로 수용할
때 사용)

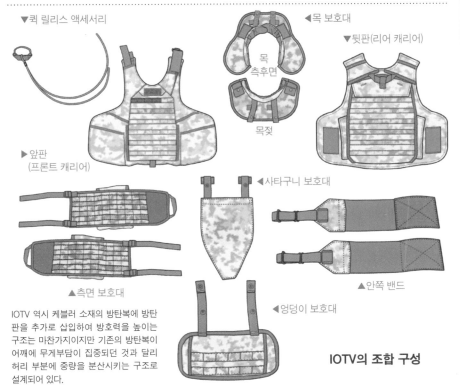

▼퀵 릴리스 액세서리
◀목 보호대
▼뒷판(리어 캐리어)
목 측후면
목젖
▶앞판 (프론트 캐리어)
◀사타구니 보호대
▲측면 보호대
▲안쪽 밴드
◀엉덩이 보호대

IOTV 역시 케블러 소재의 방탄복에 방탄
판을 추가 삽입하여 방호력을 높이는
구조는 마찬가지이지만 기존의 방탄복이
어깨에 무게부담이 집중되던 것과 달리
허리 부분에 중량을 분산시키는 구조로
설계되어 있다.

IOTV의 조합 구성

11. 하복부 보호 시스템

하반신용 방탄복

IED(급조 폭발물)는 이라크나 아프가니스탄 등지에서 특히 악명이 높은 폭탄이다. IED의 폭발에 휘말려 생식기와 항문 등 하반신의 중요 부분에 심각한 부상을 입거나 다리를 잃는 등 치명적인 부상을 입는 병사가 많아지면서 심각한 문제가 되었다. 병사 대부분은 아직 젊은 20대이기

때문에 골반 부분의 부상은 육체는 물론 정신적으로도 깊은 상처를 남기며 사회생활에도 큰 부담을 안겨준다.

이 때문에 조금이라도 부상 정도를 낮추기 위해 개발된 것이 PUG 또는 POG라 불리는 하체 방어 시스템이다.

크라이 프리시전의 PUG❶와 POG❷.
PUG는 속옷 위에, 또는 속옷 대신에 착용하는 방식이다. 대퇴부 바깥쪽은 통기성이 좋은 기능성 소재를 사용하며 사타구니와 대퇴부 안쪽 등 중요 장기와 혈관을 보호하는 영역은 케블러 소재를 사용하고 있다. 여기에 보호 패드를 추가하여 방호력을 높인 모델도 존재한다.
POG는 전투복 바지 위에 착용하는 방식의 골반 보호대라고 할 수 있다. PUG와 POG의 채용으로 IED 폭발에 따른 부상과 화상 등의 피해를 최소한으로 줄일 수 있다.
PUG는 티어1, POG는 티어2 등급으로 방호력에 따라 분류되고 있다.

*IED= Improvised Explosive Deviceds의 약어. IED는 다양한 종류가 있어서 사제 폭탄, 급조 폭발물, 지뢰 등으로도 만들 수 있으며 단순히 포탄에 전기신관을 연결, 휴대폰 신호로 폭발시키는 등 계속 발전된 형태가 등장하고 있다.
*PUG=Protective Under Garment의 약어. *POG=Protective Over Garment의 약어. 「Garment」란 의상이라는 뜻이다.

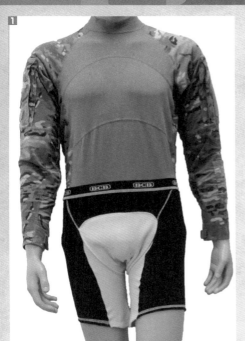

1 사진은 크라이 프리시전사의 PUG. PUG나 POG는 크라이 프리시전이나 호크 프로텍션, BOB인터내셔널 등의 업체에서 개발, 판매하고 있다.

2 쇼크 닥터 사의 사타구니 방호용 프로텍터. 왼쪽이 남성용(끈을 이용하여 사용), 오른쪽이 여성용(전용 속옷과 함께 착용)으로 PUG 아래에 착용할 경우 더욱 높은 방호력을 보장할 수 있다.

3 호크 프로텍션의 POG를 멀티캠 BDU 바지 위에 착용한 모습

4 영국군이 사용하는 BCB사의 BBC. POG와 같은 기능을 가진 하복부 보호용 방호복

*BBC=Ballistic Blast Chaps의 약어. Chaps는 카우보이가 바지 위에 덧입던 가죽바지를 말함.

12. 방탄 헬멧(1)

소재혁신으로 변신한 헬멧

대표적인 군용 헬멧이라 할 수 있는 제2차 세계대전 당시의 미군 M1 헬멧과 같이, 전투용 헬멧은 철제 프레스 가공으로 만들어져, 빗맞은 총탄이나 포탄 파편 등을 방어하는 정도의 방호력을 지니고 있었으며 이런 양상은 대전 후에도 변함이 없었다.

하지만 1970년대에 신소재가 출현하면서, 헬멧에도 소재 혁명이 시작되었다. 그 대표가 바로 케블러 소재를 사용한 PASGT(지상부대용 개인 방어 시스템) 헬멧으로, 1980년대 초에 미군에서 채용했다. 이 제품은 M1과 같은 금속제 헬멧보다 가볍고 착용감도 좋았으며 방호력도 훨씬 높았다.

보호대 / 쉘(외피) / 라이너(내피)

● M1헬멧

◀ 쉘(철제)

머리 밴드
목 밴드
턱끈(Chin Strap)

▲ 라이너 (플라스틱제)

목 밴드 / 머리 밴드 고정부 / 머리 밴드 / 보호대

1941년에 제식 채용되어 미 육군의 상징과도 같은 존재가 된 M1헬멧. 쉘과 라이너의 이중구조가 특징이다. 쉘은 고급 구조용강 가운데 하나인 바나듐강을 프레스 가공한 것에 스테인리스 스틸 테두리를 씌운 것이다. 라이너는 천을 플라스틱 코팅한 것으로 내부에 보호대와 머리 밴드를 장착하여 충격을 흡수하고 분산하는 효과를 높였다.

*PASGT= Personal Armor System Ground Troops 의 약어

[아래] M1 헬멧은 전후에도 계속해서 사용되었다. 일러스트는 머리 밴드를 개량, 베트남전 이후에 사용된 것. [오른쪽] PASGT는 후두부를 감싸는 형상을 하고 있는데, 제2차 세계대전 당시 독일군을 연상시킨다 하여 '프리츠 헬멧'이라 불리기도 했다. 사진과 같이 위장무늬 커버를 씌워 착용했다.

◀M1A2 헬멧

●PASGT 헬멧의 구조

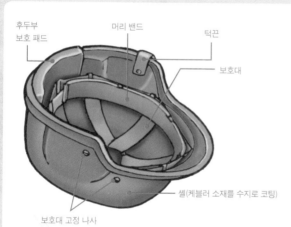

후두부
보호 패드

머리 밴드

턱끈

보호대

셸(케블러 소재를 수지로 코팅)

보호대 고정 나사

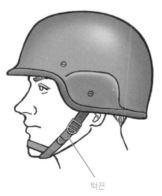

턱끈

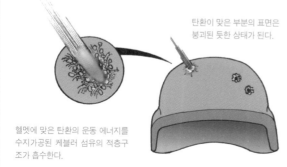

탄환이 맞은 부분의 표면은 붕괴된 듯한 상태가 된다.

헬멧에 맞은 탄환의 운동 에너지를 수지가공된 케블러 섬유의 적층구조가 흡수한다.

◀케블러제 헬멧의 방탄

PASGT 헬멧은 케블러 29 섬유를 페놀 PVB수지로 코팅하여 제조한다. 탄환이 명중했을 때 충격을 받은 부분의 섬유구조가 탄환의 운동 에너지를 흡수하여 소멸시킨다.

*프리츠Fritz=영어로 독일 사람, 독일군을 뜻하는 속어.

13. 방탄 헬멧(2)

높은 기능성을 가진 전투헬멧

2000년대에 들어서면서 미 육군에서는 분대 내에서 분대간 통신을 위해 병사 개개인에게 소형 무전기를 지급했다. 전쟁의 형태가 변화하면서 보병의 전투능력 향상이 요구되는 한편으로 예전에 비해 저렴한 가격으로 고성능 무전기를 개발할 수 있게 된 것이 이유였다.

무전기의 헤드셋을 착용한 상태에서도 헬멧을 쓸 수 있도록 PASGT 헬멧의 귀와 후두부를 덮는 부분을 절개하여 무게를 줄인 MICH가 특수작전부대용으로 개발되었는데, 이 헬멧을 미 육군에서는 ACH(선진전투헬멧)이라고 부르며 제식으로 채용, 현재는 일반 보병부대에서도 사용하고 있다.

이라크나 아프가니스탄 등지에서 활동하는 미 육군 장병 대부분이 ACH를 착용하고 있다. 위장 패턴 헬멧 커버, 암시장비 장착부, 눈을 보호하기 위한 고글 장비 등에 대응할 수 있는 높은 기능성을 가지고 다양한 임무에서 사용할 수 있는 것이 ACH의 장점이다.

*MICH=Modular Integrated Communications Helmet 의 약어. 여러 타입이 존재한다.
*ACH=Advanced Combat Helmet 의 약어. 미 공군, 일본 해상보안청에서도 채용했다.

암시장비 장착부

헬멧 셸

원형 벨크로
Hook disk

충격 보호 패드

●ACH 헬멧

셸 부분에 아라미드 섬유의 일종인 케 블러 129와 트와론 등의 소재를 사용, PASGT보다 방탄 성능이 향상되어 44매 그넘 탄을 저지할 수도 있다(소총탄 저지 는 불가능). ACH는 후두부를 방호하기 위한 부분이 축소되어 이 부분의 부상 사 례가 보고되면서 후두부와 목 부분을 보 호하기 위한 보호대Nape Pad가 지급되었 다. 이 보호대는 헬멧 띠 부분에 간단히 부착 가능하다.

목 패드

완충 시스템

1ACH나 PASGT 등의 헬멧에 벨사 레일 시스템이라는 전용 장비로 고 정할 수 있는 안면방어 보호대. 케블러 섬유를 수지 가공한 것으로 높은 방어력에 비해 약 400g이라는 가벼운 무게로 이루어져 있다. 차량이나 헬기의 승무원, 특히 사상 률이 높은 기관총 사수를 중심으로 사용되었다.
2ACH의 방탄능력을 더욱 향상시켜 소총탄의 직격에도 견딜 수 있는 신 형 헬멧 ECH(강화 전투 헬멧)이 개 발되고 있다. 소재는 초고분자량 폴리에틸렌 섬유 (스펙트라 섬유). ACH나 해병대의 LWH가 ECH로 대체될 예정이다.

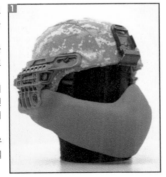

*ECH=Enhanced Combat Helmet의 약어

14. 방탄 헬멧(3)

독자 노선을 걷는 해병대의 방탄 헬멧

미 해병대는 약 18만 7천 명의 장병으로 구성된 군대이지만 육군을 비롯한 타군에 비한다면 소규모 전투조직이다. 하지만 국가의 권익과 이익을 보호하기 위한 해외파견전문 긴급전개부대로 어려운 임무에 투입되어 온 역사를 가진 부대이다. 이 때문에 해병대원들은 용맹과감하며 소수정예의 의식이 강하다.

미국의 육해공군은 조직이 커지면서 예산도 그에 맞게 커지는 경우가 많으며 각종 장비에 투입되는 예산도 풍부하다. 특히 육군은 군의 주력이라 할 수 있는 보병의 전투용 개인장비의 개발과 보급에 상당히 공을 들여 첨단기술이 적용된 장비를 보급하고 있다.

하지만 다른 군 조직이 PASGT의 형태를 크게 변화시킨 경량형 헬멧을 채용하고 있는 것에 반해, 해병대는 PASGT의 형태를 유지한 LWH(경량 헬멧)을 채용하고 있다. 해병대는 역시 헬멧 하나에서도 독자적인 운용사상을 가지고 있는 듯 하다.

전투장비를 몸에 걸친 채 휴식을 취하고 있는 해병대원. LWH의 전면에는 암시장비 고정부, 왼쪽면에는 LED조명장비(슈어파이어 헬멧 라이트)를 장착하고 있다. 이 조명장비는 일반적인 라이트, 암시장비용 저광량 라이트, 적외선 라이트 등 상황에 맞는 라이트로 사용할 수 있다.

*LWH=LightWeight Helmet 의 약어 *LED=발광다이오드

●ACH 헬멧

크라운 패드

헬멧 고정
나사

완충 끈

버클 패드

버클

턱 받침대

후두부 완충 끈

크라운 패드

완충 보호대

네이프 패드

▲크라운
패드식

완충 보호 패드

패드 방식▶

헬멧 셀

버클

LWH는 2003년부터 해병대에 도입되기
시작했다. 얼핏 보기엔 PASGT와 다를 바
없는 형상을 하고 있지만 소재를 개량하
여 무게를 20% 감량시켰으며 9mm FMJ
탄의 직격에도 견딜 수 있는 방탄성능을
가지고 있다.

육군이 채용한 ACH와는 달리 LWH는 후
두부와 목 부분을 방호할 수 있다. 이것은
격렬한 전투에 투입되는 해병대에게 있어
매우 중요한 디자인적 요소이다.

초기에 배치된 LWH의 내부 보호대는 크
라운 패드 방식이었으며 현재는 패드 형
식이 주로 사용되고 있다.

●머리의 충격을 기록하는 센서

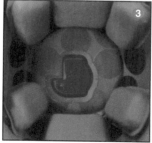

해병대와 육군은 IED 등의 폭발로 머리
부분을 부상당한 병사의 치료용 데이터를
수집하기 위해 헬멧에 충격 센서 장착부
를 표준화했다. ❶헤드 센서(폭발의 충격을 받은 부분의
영향을 기록하는 장비) ❷부력기능이 있
는 완충 패드(옵션) ❸센서 본체(사진은 1
세대, 현재 2세대가 개발되는 중)

15. 전투화

보병의 발을 보호하는 중요장비

용도에 따라 요구되는 성능에 다소 차이가 있겠지만 전투화에 기본적으로 요구되는 기능은 공통된 것이다. 그것은 병사의 발을 보호하고 전투력을 충분히 발휘할 수 있도록 하는 것. 내구성은 물론이며 장시간 활동하더라도 쾌적한 착용감을 보장하는 것이 중요하다.

현대의 전투화는 인체공학에 기준을 두고 설계되어 고어텍스 등의 신소재를 적절히 활용하여 개발·생산되고 있다.

●현대의 대표적인 군용 부츠의 특징

▼사막화(데저트 부츠)

중동 등지와 같이 주·야간의 일교차가 대단히 큰 사막 지역에서의 사용을 고려했다.

가죽이나 코듀라 나일론 등을 사용한 외피

외기

신발 내부의 습기

쿨맥스 안감

쿨맥스는 듀퐁사가 개발한 고기능소재이다. 몸에서 발산되는 수분을 외부로 분출하고 외기를 내부에 흡수하여 발을 건조하게 유지시키며 기화열에 의한 냉각효과도 높아 이를 통해 부츠 내부를 쾌적한 건조 상태로 유지할 수 있다.

정글과 같이 기온과 습도가 높은 열대우림지대에서의 사용을 고려하여 면과 가죽을 조합한 구조로 이루어져 있으며 방수성과 통기성이 높아 내부에 물이 차더라도 빠르게 건조시킬 수 있다.

▶정글화

안쪽에 알루미늄 판을 덧댄 중창

베트남전에서 사용된 것은 부비트랩을 밟더라도 발에 부상을 입지 않도록 신발의 중창 부분에 알루미늄 판이 덧대여져 있었다.

▼전투화

사막화(데저트 부츠)

일반 전투화(컴뱃 부츠)

부츠의 종류에 따라 밑창의 패턴도 달라진다.

고무를 사용하여 지면에 대한 밀착력을 높이며 자갈이나 모래가 끼지 않도록 고려된 패턴의 밑창

가볍고 튼튼하며 장시간 착용하더라도 피로를 덜 느끼도록 만들어진 범용 전투화

끈을 신속히 조일 수 있는 D링

고어텍스 등의 소재를 사용하여 비바람을 막아주고 내부가 젖지 않게 하는 외피와 안감

강화 끈

3중 구조

강화된 발가락 보호부

발에 밀착되어 내부에 물이나 이물질이 흘러들어오는 것을 막으며 통기성을 높인 기능성 소재를 사용한 발목 패드 부분

발이 더러워지거나 젖는 것을 막아주는 중창과 깔창 부분

강화된 발꿈치 부분

발꿈치에 가해지는 충격을 흡수해주는 완충 소재

●전술화(택티컬 부츠)와 전투화의 차이

얼핏 보기엔 둘 다 같은 신발로 보이지만 전술화는 시가지에서의 전투를 고려하여 만들어진 것이다.

가볍고 견고하며 건물 내부의 미끄러지기 쉬운 편편한 바닥에서도 미끄러지지 않는 밑창을 가지고 있으며 옆구리에 지퍼를 달아서 신속히 신고 벗을 수 있다.

소재는 나일론이나 가죽이 사용되며 밑창은 고무가 주로 사용된다.

한편 전투화는 견고하며 방수성이 높아 장기간 착용하더라도 쾌적한 상태를 유지할 수 있는 구조로 되어 있으며 시가전과 야전, 어느 쪽에서도 사용할 수 있는 높은 범용성이 특징이다.

◀전투화

▼전술화

신속히 신고 벗을 수 있도록 옆구리에 지퍼가 붙어 있다.

▼쉽게 풀리지 않도록 끈을 매는 법

장시간 행군이나 전투행동에 투입될 경우, 발의 관리는 매우 중요하다. 휴식을 취할 때에는 신발을 벗고 발을 말린 뒤, 파우더를 바르고 마사지를 해주는데, 급박한 상황에 대비하여 전투화는 쉽게 신고 벗을 수 있어야만 한다.

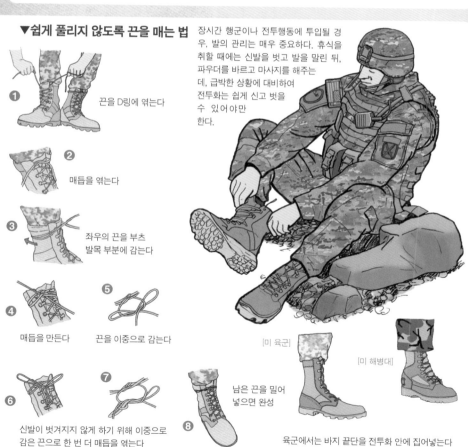

❶ 끈을 D링에 엮는다

❷ 매듭을 엮는다

❸ 좌우의 끈을 부츠 발목 부분에 감는다

❹ 매듭을 만든다

❺ 끈을 이중으로 감는다

❻ 신발이 벗겨지지 않게 하기 위해 이중으로 감은 끈으로 한 번 더 매듭을 엮는다

❼

❽ 남은 끈을 밀어 넣으면 완성

[미 육군]

[미 해병대]

육군에서는 바지 끝단을 전투화 안에 집어넣는다

16. 군용 무전기(1)

군용 무전기의 사용 전파

일반적으로 통신에는 초장파 VLF(선박, 항공기 등이 사용)에서 극초단파 UHF(텔레비전이나 휴대전화 등이 사용)까지 다양한 전파가 사용된다.

이 중에서 전술 레벨에서 사용할 수 있는 군용 통신은 흔히 말하는 이동체 통신으로, 초단파인 VHF(주파수 30~300MHz, 파장 1~10m), 극초단파 UHF(주파수 0.3~3GHz, 파장 0.1~1m)가 사용된다(참고로 휴대전화나 무선 인터넷도 UHF를 사용).

일반적으로 전파의 주파수가 높을수록 파장이 짧아지며 통신에서 전파를 사용할 때는 주파수가 높을수록 정보량이 커진다.

예를 들어 AM 라디오 방송의 중파 MF는 음성

최근에는 위성통신용 안테나가 소형화되어 맨팩형 무전기에서 VHF에서 UHF까지의 폭넓은 대역의 주파수(30~600MHz 가량)를 사용하는 모델이 개발되고 있다. 이를 위해 최전선에 전개된 분대 단위의 부대라도 사진에서와 같이 무전기에 파라볼라 안테나를 결합하여 지향성이 높은 전파로 통신위성과 송수신할 수 있게 된다.

*전파=빛도 전파도 엑스선도 전자기파의 일종이며, 이 중에서 전파는 적외선보다 파장이 긴 것을 말한다.

정보 밖에 전송할 수가 없지만 텔레비전의 초단파 VHF나 극초단파 UHF는 화상정보까지 전송할 수 있다.

여기에 마이크로파SHF(주파수 3~30GHz, 파장 1~10cm)를 사용하는 위성방송이라면 UHF와 마찬가지로 디지털 신호를 사용하여 문자, 화상, 음성을 전송할 수 있으며, 화상의 품질도 매우 높아진다. 하지만 극초단파 이상의 전파가 되면 전파는 직진성이 높아지면서 전달할 수 있는 범위가 제한된다. 예를 들어 마이크로파라면 산이나 건물 등이 있을 경우 전파에 대한 방해가 커지게 된다.

군에서 사용하는 맨팩Manpack 형태의 무전기 (136쪽 참조)는 지상과 지상, 지상과 항공기와 같이 용도별로 달리 사용되는 경우가 많은데, 각각 사용되는 주파수 대역이 다르기 때문에 각 주파수에 맞는 무전기를 필요로 하게 된다.

하지만 1990년대에는 지상군과 공군을 연결하는 작전개념의 영향으로 지상부대에 VHF와 UHF를 사용하는 무전기가 보급되기도 했다. UHF대역에서는 위성통신도 실시된다.

군용 무전기는 교신을 적에게 방수당하지 않도록 암호화능력과 적의 전파방해를 받지 않기 위한 전파방해 대응능력도 요구된다. 또한 감청과 해독을 어렵게 하기 위해 디지털 신호를 사용한다.

17. 군용 무전기(2)

사령부와 연결되는 맨팩 무전기

보병부대가 사용하는 무전기를 용도별로 본다면 사령부에 정보를 전달하고 명령을 받으며 타 부대와 교신하기 위한 중/장거리용 무전기, 그리고 부대원 간의 교신에 사용되는 단거리용 무전기로 나눌 수 있다.

일반적으로 중/장거리용은 백팩에 수납하거나 전용 프레임에 결합하여 통신병 등 담당 병사가 배낭처럼 등에 매고 사용하는, 이른바 맨팩 무전기를 말한다.

단거리용 무전기는 병사 각자가 전용 주머니에 수납하여 전술조끼 등에 결합하여 사용하는 개인용 휴대무전기를 말한다.

둘 다 작고 가벼워서 사용하기 쉬우며 외부 충격에 강한 튼튼한 내구도가 요구된다. 어떤 무전기를 사용하느냐는 임무와 부대의 성격에 따라 다르다.

맨팩형 무전기 AN/PRC-117❶과 휴대형 무전기 AN/PRC-148 MBITR❷를 휴대한 미 육군 무전병. 맨팩형 무전기가 소형·경량화되면서 다수의 무전기를 휴대, 교신폭도 넓어지면서 무전병의 부담도 줄어들었다.

최근의 군용무전기는 디지털 신
호를 사용, 다양한 형태로 송수
신을 할 수 있게 되었다. 노트북
컴퓨터와 같은 기기를 연결하여
이메일 형태의 문자 정보를 송
수신하거나 화상과 서류 등을
압축한 파일로 첨부하여 전송할
수도 있는데, 예를 들어 적의 위
치를 사령부에 보고할 때에도
무전을 통해 목소리로 보고하
는 것보다 문자로 전달하는 쪽
이 좀 더 정확한 정보를 전달할
수 있다. 또한 지도나 위치 정보
를 화상으로 전달하는 것도 가
능하며, 사령부에서 전선의 부
대에게 명령이나 정보를 하달하
는 경우에도 마찬가지이다.

▼AN/PRC-117F

▼AN/PRC-117G

[오른쪽 위] 미군에서 사용되는 해리스사의 맨팩형 무전기 AN/PRC-117F(왼쪽 위의
사진에서 사용되고 있는 무전기는 AN/PRC-117G로 117F를 좀 더 작게 만든 모델).
사용할 수 있는 전파의 주파수 대역이 30MHz~2GHz로 매우 넓은 편이어서 항공기
와의 교신에서부터 위성통신(이동체 위성통신)까지 대응할 수 있다. GPS기능도 갖
추고 있으며 전술 인터넷과의 정보교신도 가능하여 1대의 무전기로 광대역 네트워
크 사용이 가능하다.

18. 군용 무전기(3)

동료들과 연결되는 개인 휴대용 무전기

보병부대가 야전이나 시가지에서의 건물수색 작전, CQB(근접전투) 등에 투입되었을 때 분대 내 장병 간의 교신에 사용하는 것이 개인용 휴대 무전기이다.

개인용 휴대 무전기는 사용 범위가 수백 미터 가량이기 때문에 강한 출력이 필요하지 않지만 충격에 강하며 작고 가벼운 모델이 요구된다. 군용인 만큼 적이 무전을 도청하거나 방해할 수 없는 기능은 당연히 필수이다. 최근에는 수중작전 등에 사용되는 경우도 많아 방수 기능이 요구되기도 한다.

무전교신 중인 미 해병대 대원. 왼쪽에 장비한 것이 분대 교신용으로 사용하는 개인휴대 무전기 PRC-153이며 오른쪽 병사가 손에 들고 있는 것은 AN/PRC-148 MBITR이다.
30~51MHz 주파수를 사용할 수 있는 VHF 무전기이며 지상과 항공기 간의 교신이 가능하여 미군과 나토군의 표준장비로 사용된다.

*CQB=Close Quarters Battle 의 약어 *MBITR=Multiband Inter/Intra Team Radio

무전기를 조작 중인 미 육군 병사. 왼손에는 PTT 스위치를 들고 오른쪽에는 무전기 주머니를 장착하고 있다. 무전기는 송수신은 가능하지만 전화처럼 동시에 송신과 수신을 진행할 수 없는 단신식이기 때문에 송신과 수신을 구분하기 위한 PTT 스위치(누르면 송신, 떼면 수신)가 필수적이다.

영국군의 PRR은 분대원 간의 교신에 사용되는 단거리 무전기이다. 고출력 무전기이기 때문에 분대 내 교신 뿐 아니라 다른 분대나 소대와의 교신도 가능하다. 통상교신거리는 500m 정도이지만 적의 감청이 어려우며 채널 구분으로 최대 256개 부대가 사용할 수 있다. 습기와 충격에도 강하며 무선 PTT 스위치를 사용하여 총을 견착한 상태에서도 무리 없이 사용할 수 있다. 왼쪽 겨드랑이 쪽에 장비한 것이 바로 PRR이다.

*PTT=Push To Talk의 약어 *PRR=Personal Role Radio의 약어

19. 헤드 셋과 전자 장비

골전도 마이크, GPS, 군용 퍼스널 컴퓨터

현대의 군대의 무전기는 보병분대원 간의 교신이 가능한 수준까지 개발과 보급이 진행되었는데, 이와 함께 주목도가 높아진 장비가 헤드셋이다. 헤드셋을 착용하면 굳이 손을 사용하지 않아도 되기 때문에 교전 중 양손에 총기 등 무기를 휴대한 상태로도 무전교신을 할 수 있다. 하지만 무전기는 휴대전화와 달리 동시 송수신이 불가능하기 때문에 송수신을 교체하는 PTT 스위치 조작이 필수적이다.

[가운데]MICH 2001 아래에 헤드셋을 착용한 미 공군 PJ(Pararescue Jumper: 항공구조대) 대원. 특수부대 등에서 널리 사용되는 케블러제 헬멧 MICH 2001은 양옆을 절단하여 헤드셋을 착용한 상태에서 사용하기 편한 방탄모이다.
[오른쪽]사진의 PJ가 사용하는 것은 같은 펠터사의 군용 헤드셋

무전기의 음성과 주변의 소리 등을 전달해 주는 스피커

집음 마이크

마이크

골전도 마이크
(주변의 잡음에 방해받지 않고 자신의 목소리를 전달 가능)

헤드폰
(귀 부분을 완전히 덮어서 집음 마이크의 소리를 전달, 골전도 스피커의 소리를 듣기 쉽게 해준다

골전도 스피커
(잡음에 방해받지 않고 소리를 전달해줌. 귀에서 들어오는 집음 마이크의 소리도 전달)

코드(PTT 스위치에 연결)

조작 스위치

집음 마이크
(헤드셋을 착용하지 않더라도 주변 소리가 들리는 듯이 잡음을 제외한 소리를 수집)

PTT 스위치를 통해 무전기와 연결

▲헤드셋과 골전도 스피커/마이크

시가전과 건물내 근접전투 등의 상황에서는 총소리나 폭발음 등의 강한 소음으로 인해 아군과의 대화나 무전교신이 어려운 경우가 많다. 이 때문에 일러스트와 같이 헤드셋을 골전도 스피커와 마이크와 조합하여 사용하게 된다. 헤드셋은 큰 소리와 노이즈를 구분하여 필요한 소리 만을 들을 수 있는 청력보호기능을 가지고 있으며 골전도 스피커는 두개골의 진동으로 소리를 듣게 해준다. 골전도 마이크는 두개골을 통해 성대의 진동을 음성으로 변환시킬 수가 있으며 소리가 아닌 진동으로 작동하기 때문에 큰 소리를 낼 필요가 없다는 장점이 있다. 이 때문에 미군에서는 특수부대나 레인저 부대 등에서 사용하고 있다. 특수부대 등에서 총에 소음기를 사용하는 것은 적에게 총소리를 들리지 않도록 하는 목적도 있지만 아군의 의사소통에 총소리가 방해되기 때문이기도 하다.

● 이제는 필수품이 된 GPS 수신기

현대의 군에 있어 GPS 수신기는 필수품이다. 준 동기궤도를 도는 30개의 인공위성에서 발신하는 마이크로파를 수신, 수신기의 위치벡터를 결정하며 이를 통해 자신의 위치 좌표를 확인할 수 있다. GPS의 신호전파에는 민간용의 C/A코드와 군사용으로 사용되는 P코드가 있으며 미군은 2중 암호화로 보안성을 강화한 Y코드를 사용한다.

미군에서는 일반 장병 수준까지 GPS가 보급되어 있다. 왼쪽의 사진이 수신기로 록웰 콜린스사의 휴대용 GPS이다. 디스플레이에는 지도와 위치좌표 등의 정보가 출력된다.

● 여러 용도로 사용되는 군용 PC

현대의 군에 있어 PC는 필수품이라 할 수 있다. 보병부대에서도 전술 인터넷 상에서 정보와 연락, 명령 등을 암호화된 메일로 주고받으며 디지털 카메라나 비디오 카메라 등으로 촬영한 화상 정보를 전달할 수 있도록 편집하거나 전달받은 화상이나 문자 정보를 확인하는 등으로 다양하게 사용된다.

또한 전선의 각종 센서가 수집한 정보를 분석하는 것도 PC의 임무이다. 일선부대의 장병들은 습기와 먼지를 막아주며 충격에 강한 설계의 야전용 노트북을 휴대하는 경우가 많은데 그중 눈길을 끄는 것이 사진의 블랙 다이아몬드 사가 개발한 MTS이다. 각종 장비로 구성된 전술 컴퓨터 시스템을 작고 견고하게 만들어 플레이트 캐리어로 휴대할 수 있게 디자인한 것이다.

컴퓨터를 몸에 걸친다는 점에서 웨어러블 개념의 장비라고 볼 수도 있을 것이다. 전선에서 항공관제나 활주로 확보 등을 주 임무로 하는 미 공군 CCT(전투통제반)에서도 사용한다.

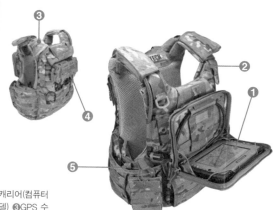

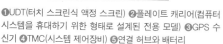

❶UDT(터치 스크린식 액정 스크린) ❷플레이트 캐리어(컴퓨터 시스템을 휴대하기 위한 형태로 설계된 전용 모델) ❸GPS 수신기 ❹TMC(시스템 제어장비) ❺연결 허브와 배터리

*MTS=Modular Tactical System의 약어 *CCT=Combat Controller Team의 약어

20. 각국의 보병 장비(1)

미 육군의 보병 장비

미군은 장병의 생존성에 직결되는 개인장비품의 개발과 개량에 최신기술을 도입하는 등 상당히 공을 들이는 군대로서 개인장비 분야에서 주도적인 존재이다. 현대의 주류라 할 수 있는 모듈러식 방탄복을 최초에 채용한 것도 MOLLE와 같

이 획기적인 개인장비 휴대 시스템을 도입한 것도 미군이 최초였다. 또한 랜드워리어로 대표되는 보병 첨단장비나 로봇 병기 분야에서도 앞서 가는 모습을 보여주고 있다.

미 육군의 최신 방탄복 IOTV를 착용한 병사
[왼쪽] IOTV에 개방식 탄창집을 부착한 병사 [오른쪽] 이쪽은 IOTV에 덮개가 달린 기존의 탄창집을 부착하고 있다.

●보병용 전투장비

❶ACH 헬멧과 헬멧 커버(ACH에는 ⓐ암시장비 장착부와 ⓑLED라이트가 장착되어 있다) ❷IOTV 방탄복 ❸ACU 상의 (면과 나일론의 5:5 혼방) ❹무전기 주머니 ❺ACU 하의 (면과 나일론의 5:5 혼방 카고팬츠) ❻사막 전투화 (제조사에 따라 다르지만 신발 외피는 고어텍스 또는 코듀라 나일론인 경우가 많다) ❼덮개가 없는 개방형 탄창집 ❽전투용 장갑 (CGAPL 기준에 따른 장갑으로 노멕스나 케블러를 사용) ❾전투용 배낭 ❿M4E2 카빈

웨빙 테이프

추가 보호대
(어깨와 팔 상박)

MATTHEWS

추가 보호대
(사타구니)

방탄판 추가 보호대 장착 기능, 웨빙 테이프를 이용하여 임무와 취향에 따른 장비 장착이 가능한 최신형 방탄복 인터셉터

---

*CGAPL=Combat Glove Approved Product List의 약어. 미군의 전투용 장갑 인증제도에서 인증을 받았음을 의미

21. 각국의 보병 장비(2)

영국 육군의 보병 장비

오랜 기간에 걸쳐 DPM 위장복과 PLCE 장비를 사용해온 영국군이었지만 2000년대에 들어, 아프가니스탄과 이라크에서의 전투와 치안임무에 투입되면서 신형 장비의 필요성을 절감하게 된다. 처음엔 트로피칼 패턴 위장복이 사용되었지만 결국은 위장효과가 높은 멀티캠 위장 장비류를 채택하게 되었다.

제1장 소화기

제2장 전투장비

제3장 생존장비

제4장 특수장비

제5장 미래의보병장비

2010년부터 미 육군이 멀티캠 위장을 OCP라는 명칭으로 사용하기 시작한 이후, 영국 육군에서도 멀티캠을 MTP라는 명칭으로 채용하면서 MTP 위장 패턴의 전투복과 방탄복 등이 사용되었다.

*DPM=Disruptive Pattern Material 의 약어 *PLCE=Personal Load Carrying Equipment의 약어
*MTP=Multi Terrain Pattern 의 약어

▼Mk.7 헬멧

영국 육군의 최신형 Mk.7 헬멧.
미 공군 파라레스큐가 사용하는 TC2001
헬멧의 양옆에 귀 보호부위를 추가한 형
태를 하고 있으며, 귀 부분에 여유가 있는
설계로 헤드셋을 착용한 상태에서도 문
제없이 착용할 수 있다. 소재는 Mk.6와
마찬가지로 케블러일 것으로 생각된다.
Mk.6에 비해 착용감이 좋다는 평판이다.

▶전투복 상의 FROG

앞섶은 지퍼로 되어 있어 끝까지
올리면 멀티캠 위장 패턴이 적용
된 칼라가 차이나 칼라 형태가
되어 목을 보호한다.

양쪽 소매에는 덮개가
달린 패치 주머니가 부
착되어 있다.

전투장비 착용 시 가려지는 몸통
부분은 신축성과 통기성이 높은 소
재를 사용하여 착용감을 높였다.

팔꿈치에는 보강 패드가 추
가되어 있다.

크라이 프리시전 사의 전투 셔츠 G3를 기
반으로 개발된 영국 육군의 신형 전투 셔
츠이다.
미 해병대의 MARPAT FROG(방염 전투
복)과 같은 디자인으로 방탄복 등으로 가
려지는 몸통 부분은 위장 패턴이 적용되
지 않은 경량 기능성 소재의 드라이 파이
어 소재로 이루어져 있다. 이는 중동지역
등에서 방탄복과 전술 장비 등을 착용한
장병이 느끼는 피로감을 줄이기 위해서
이다. 방탄복을 착용해도 드러나는 팔과
어깨 등의 부위는 내구성이 높은 면과 나
일론 5:5 혼방 소재를 사용한다.

▼오스프리 방탄복

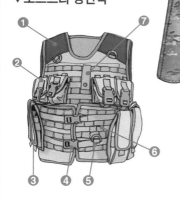

▲전투복 하의

영국육군이 사용하는 전투복 하의는 흔히 말하는 카고 팬츠(트라우저
Trousers 라고도 불리운다)로 양쪽 허벅지에는 주름이 없으며 단추로 여
미는 덮개가 달려 있는 아코디언 형식의 대형 주머니가 부착되어 있다.
이 외에도 앞주머니와 뒷주머니가 있으며 소재는 면과 폴리에스텔 혼방
이다.

2009년부터 채용된 오스프리 방탄복 Mk.4
❶방탄복 본체 (방탄판 캐리어와 소프트 아머 방탄패널로 구성되어 있
다. 방탄능력은 트라우마 플레이트(삽입식 방탄판)을 삽입하여 7.62mm
탄의 직격에도 견뎌낼 수 있다. 방탄판 캐리어의 앞면은 웨빙 테이프가
배열되어 있다. ❷40mm 유탄 주머니 ❸탄창집 (주머니 1개에 30연발
탄창 2개 삽입 가능) ❹옆구리 보호대 고정 밴드 ❺장비장착용 D링 ❻옆
구리 보호대 ❼계급장 장착부

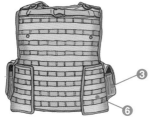

* SAM = Surface-to-Air Missile의 약어* *FROG=Flame Resistant Organizational Gear의 약어

22. 각국의 보병 장비(3)

독일 연방 육군의 보병 장비

1990년대 초에 도입된 독일연방육군의 전투복은 플레크타른 패턴을 채용하고 있었다.

이것은 제2차 세계대전 당시 무장 친위대가 사용한 위장복의 무늬를 답습한 것처럼 느껴지는 패턴으로, 카키색을 기반으로 갈색, 검은색, 밝은 회색, 짙은 회색의 반점의 배열을 통해 높은 위장 효과를 발휘한다.

2000년대에 들어서 아프가니스탄에서 전개된 테러와의 전쟁 중 항구적 자유작전에 참가한 독일군 장병은 아프가니스탄의 지형과 식생을 고려한 3색 또는 5색의 트로피칼 패턴 위장복을 착용하기도 했다.

B-826 케블러 헬멧

방탄복

무전기

G3A4 돌격소총

보병용 웹 세트

플레크타른 패턴 전투복

●보병용 전투장비 (*공수부대원)

일러스트는 1990년대 강하엽병 부대원의 전투장비(G3A4는 현재에도 사용되고 있는 총기이다). 보병용 웹 세트(시스템 95라고 불리우는 벨트 키트)의 구성은 아래와 같다.

❶웨빙 벨트 ❷H형 어깨띠 하네스(가슴끈(A)가 달려있음)
❸탄창집 ❹다목적 주머니

*Fallschirmjäger, 한국이나 일본 서적에서는 흔히 「강하엽병」이라 번역되기도 한다.

국제치안지원부대로서 아프가니스탄에 배치된 독일연방
군 병사.
아프간 지역에 맞춰 사막위장을 고려한 장비를 착용했으
며, 기온이 낮은 고지대에서 작전 수행 중이므로 방한장
비를 갖추고 있다.

❶B-826 케블러 헬멧 (헬멧에 위장커버를 씌우는 대신
지면과 같은 색을 칠하고 그 위에 녹색과 갈색 반점을 넣
었다)
❷전투용 고글
❸타스마니안 타이거제 체스트 리그(코듀라 나일론제 체
스트 리그 Mk.II)
Ⓐ탄창집 Ⓑ지퍼식 다목적 주머니 Ⓒ예비 탄창집 Ⓓ유탄
주머니
❹방한상의 (3색 트로피컬 플레크타른 패턴. 지퍼/단추
혼용으로 대형 주머니가 부착되어 있어 활용성이 높으며
목과 머리를 보호하는 후드(E) 탈착도 가능하다)
❺전투복 바지(3색 트로피컬 플레크타른 위장이 적용된
카고 팬츠)
❻등산화 (독일 연방군의 산악 전투화는 비브람 러버솔과
고어텍스 안감으로 구성된 검은색 가죽 등산화)
❼H&K G36 돌격소총(40mm 유탄 발사기 부착형)
❽전투 배낭
❾휴대 무전기 안테나(사용하는 휴대 무전기는 AN/PRC-
148 MBITR)

◀타스마니안 타이거 체스트 리그

가슴부분 안쪽에는 방탄판 삽입용 주머니가
배치되어 있다.

탄창집(탄창 4개 수납 가능)

다목적 주머니

각종 파우치 등을 장착 가능한 웨빙 테이프

23. 각국의 보병 장비(4)

일본 육상자위대 보통과부대의 장비

제1장 소화기

제2장 전투장비

제3장 생존장비

제4장 특수장비

제5장 미래의보병장비

육상자위대의 보통과는 여타 국가의 보병에 해당하는 병과이다.

보병이 육군의 핵심이라는 점은 육상자위대에서도 마찬가지여서 보통과 인원은 51개 연대+3개 대대로, 육상자위대 내에서도 최대 규모이다.

21세기에 들어서면서 테러와의 전쟁 등으로 전투의 주요 무대가 시가지 전투로 옮겨가면서 자위대도 그에 맞춘 개혁을 추진하고 있으며 보통과의 장비 역시 새로운 형태로 바뀌고 있다.

시가지 전투 훈련 중인 육상자위대 보통과부대 병사(부사관).
전투복 위에 착용하고 있는 것은 중량 약 4kg의 전투방탄조끼로, 미군의 PASGT를 기반으로 하여 사격 시에 어깨를 보호하기 위해 오른쪽 어깨 패드를 대형화하고 목 부분의 보호능력 강화를 위해 목 보호대를 크게 키우는 등의 변경점을 적용하는 등, 독자적인 형태로 만들어졌다.
신고 있는 것은 2002년부터 지급된 전투화로 이전까지 사용된 가죽제 반장화를 대체하여 가죽과 나일론 소재를 사용하며 명칭도 「전투화」로 바뀌었다.(하지만 아직도 일부 부대에서는 구형 반장화를 착용하는 경우가 있다.)

전투방탄조끼 2형을 착용한 간부. 최근의 방탄복 설계의 유행을 따라 방탄판을 삽입하여 방탄성능을 높힐 수 있으며, 앞면에 웨빙 테이프가 배치되어 장비류를 장착할 수도 있다. 2형은 자위대 이라크 파견(2003~2009년)에 따라 지급되었다. 머리에 쓴 것은 88식 철모로 1988년에 채용된 케블러제로 미군의 프리츠 헬멧과 비슷한 모습을 하고 있다.

*전투방탄조끼=전투장비 세트 구성품 중 하나로서 1992년부터 본격적으로 도입된 방탄복

●전투장비 세트

일러스트는 위장복 3형 위에 1990년대에 들어서면서 이전 형태의 위장복 2형과 동시에 채용된 벨트 키트로서 탄띠, 어깨끈(서스펜더), 탄창주머니 등으로 구성되어 있다.

이 벨트 키트는 미군의 ALICE 장비를 참고로 했을 법한 디자인으로 코듀라 나일론 등의 소재를 사용하고 있다. 벨트 키트는 철모, 위장복, 전투화 등과 함께 하나의 패키지를 구성하여 전투장비 세트 1세트가 *대원에게 지급된다.

❶88식 철모 ❷어깨띠(서스펜더) ❸수통 ❹탄창집(89식 소총의 30연발 탄창 1개 수납) ❺총검 ❻위장복 3형 하의 ❼구형 장화 ❽접이식 야전삽 ❾탄띠(권총 벨트) ❿위장복 3형 상의 ⓫89식 5.56mm 소총

▶ 위장복 3형

위장복 2형은 일본의 지형과 환경을 참고하여 디자인된 신형 패턴의 위장복으로 적외선감시장비에 대응하며 방염 기능도 갖춘 획기적인 전투복이다. 이러한 장점을 유지하며 일부의 개량을 가한 것이 일러스트의 위장복 3형으로, 위장 패턴은 같지만 세부적인 개량이 가해졌으며 기능성도 향상되었다. 보급품의 경우 비닐론 합성섬유 소재를 사용하며 앞섶과 소매 등에 단추를 사용한다. 2007년부터 본격 지급이 시작되었다.

*대원에게 지급=기본적으로 전투장비세트는 개인물품이 아니라 부대장비품으로 구분된다.

CHAPTER

Survival
Equipments

3

생존 장비

군인은 전투에 앞서 가혹한 전장 환경에서 생존할 수 있어야만 한다.

제3장에서는 수분과 영양을 보급하는 장비와 기구,

전장에서의 의료에 대해 살펴보고자 한다.

01. 수분 보급 장비

하이드레이션 시스템이란?

인간은 물 없이는 살아갈 수 없다. 소변과 땀으로 체내의 수분이 배출되는 만큼 수분을 섭취하지 않으면 탈수현상을 일으키며, 정상적인 사고가 어려워지면서 졸음이 오거나 심한 경우 의식불명에 빠질 수도 있다. 특히 행군이나 전투 등 체력소모가 큰 상황에서의 수분보급은 필수적이

● 하이드레이션 시스템

리저버(reservoir)를 그대로 수납하여 휴대할 수 있는 배낭. 다른 장비와 함께 휴대할 수 있다.

미군에서는 1990년대 말기부터 캐멀백(CamelBak) 사의 하이드레이션 시스템을 도입, 현재는 기존의 수통을 완전히 대체한 상태이다. 이제까지의 수통처럼 뚜껑을 여닫을 필요 없이 언제라도 쉽게 수분을 섭취할 수 있다.

리저버 본체(물의 양에 따라 변형되지 않는 구조)

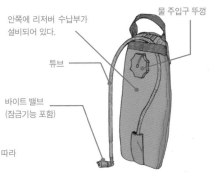

안쪽에 리저버 수납부가 설비되어 있다.

물 주입구 뚜껑

튜브

바이트 밸브 (잠금기능 포함)

입으로 물어서 여는 방식의 바이트 밸브를 입에 물고 빨대로 빨아먹듯이 물을 마신다.

하이드레이션 시스템을 방탄복 등 부분에 장착하고 있는 미군 병사.
2리터의 물을 넣은 리저버를 하이드레이션 팩에 저장한다.

*생명유지를 위하여 인간은 1일 최저 2리터의 물을 필요로 한다.

다. 이 때문에 과거의 군인들은 수통을 항상 휴대하여 필요할 때마다 수분을 보충할 수 있게 했으며 현대에는 더욱 쉽게 수분을 공급할 수 있는 하이드레이션 시스템이 보급되고 있다.

군용 수통은 보틀 형태의 수통 본체와 컵을 겸하는 뚜껑, 또는 수통과 컵(열을 가해서 온수를 만들 수 있음)이 1개의 세트로 구성된 형태가 대부분이다.
1960년대까지 수통의 소재는 금속제였지만 이후 녹이 슬지 않는 폴리에틸렌이 일반적인 소재가 되었다.
폴리에틸렌 용기는 물이 적을 때는 접어서 크기를 줄일 수 있는 형태를 한 것도 있다.

● M1942 수통
(제2차 세계대전 당시 미군)

스테인리스제 수통

수통피

컵

U.S.

NBC병기에 오염된 상황에서 활동하는 경우에는 물을 마시고 싶어도 마스크를 벗어서는 안된다. 이런 경우에는 사진에서처럼 가스마스크와 수통 뚜껑 부분에 빨대를 연결하여 가스마스크를 착용한 상태에서도 수분을 섭취할 수 있다.

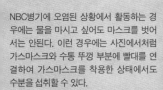

02. 보병의 급식(1)

전장에서 장병들이 먹는 전투식량

제1장 소화기

제2장 전투장비

제3장 생존장비

제4장 특수장비

제5장 미래의 보병장비

병사가 전장에서 높은 전투의욕을 유지하고 전투능력을 발휘하기 위해서는 충분한 칼로리와 영양으로 구성된 식사가 필요하다. 식사는 단순한 에너지 보급이 아니라, 장병의 스트레스를 해소해주는 즐거움이기도 하므로, 식사의 질은 전투능력 뿐 아니라 사기에도 중요한 영향을 미친다. 현재 전장에서 장병들이 보급받는 식사는 크게 구분하여 레토르트 형식의 식품이 중심이 된 전투식(이른바 컴뱃 레이션)과 이동식 주방으로 조리하여 공급하는 따뜻한 식사(미군에서는 A레이션이라 부른다)으로 나눌 수 있다.

(오른쪽)레이션을 먹고 있는 미군 병사. 레이션은 전투행동 중의 병사에게 지급되는 전투식을 의미한다.

(아래)미군의 레이션 중 하나인 MRE. 패키지로 구성된 레토르트 식품으로 상온에서 장기간 보존할 수 있으며 MRE 1개로 1200~1300kcal의 영양분을 섭취할 수 있다.

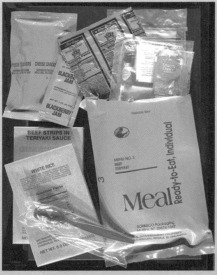

*충분한 칼로리=전투지역에 따라 다르지만, 체중 74kg의 남성 군인은 1일 2800~3600kcal의 영양분이 필요하다.
*컴뱃 레이션=야전식이라고도 부른다. 흔히 말하는 전투식량이 바로 이것.
*A레이션=기지에서 배식하는 일반적인 식사는 개리슨 레이션이라고도 불리운다.

세계 각지에 긴급전개되는 기동전개부대용으로 미군이 개발한
FSR(First Strike Ration). FSR은 2000년대 무렵부터 시작품이 지급
되어 2008년에 정식채용되었다. 현지에서의 배식환경이 구축되기
전까지의 간이식이라는 개념으로 긴급전개된 이후 3일분의 식량으
로 구성되어 있다.

경량화를 위해 왼쪽 페이지의 MRE처럼 열을 가한 조리를 필요로 하
지 않는 메뉴로 참치, 미니 샌드위치, 프렌치 토스트, 믹스너츠, 육포
등의 건조식품으로 구성되어 있다.

이 레이션은 메뉴 1~9까지 존재하며 1개로 2,900kcal의 열량을 공
급한다.

03. 보병의 급식(2)

유닛 방식 집단 급식용 전투식량

제1장 소화기
제2장 전투장비
제3장 생존장비
제4장 특수장비
제5장 미래의 보병장비

미군은 특히 장병의 식사에 공을 들이는 군대이다. 예를 들어 육군의 야전식 보급 개념에서 1일 3식 중 2식은 그룹 단위로 공급하는 따뜻한 식사, 1식은 MRE 등의 레이션으로 구성하는 형태로 이루어진다. 비록 전투 상황이라 하더라도 하루에 2끼는 병사에게 따뜻한 식사를 공급한다는 것이다. 이를 위해 전선에서도 일반적인 식사에 가까운 따뜻한 식사를 보급하기 위해 개발된 것이 UGR(유닛식 그룹 급식)이다.

UGR은 조리시설을 필요로 하는 UGR-A와 B, 조리시설이 필요없는 UGR-H&S, UGR-E로 나뉘어진다. UGR-E는 1개 유닛으로 18인분의 식사를 공급하며, 1개의 유닛에 음식과 식기가 모두 포함되어 있어서 따뜻한 식사를 제공할 수 있는 자기완결형 전투식량이다.
[위]UGR-E 개량형. 자체발열 기능으로 음식이 들어있는 용기를 데운다.
[왼쪽]데워진 용기에서 각자가 필요로 하는 양 만큼의 음식을 종이 그릇에 덜어서 먹는다.

*UGR=Unitized Group Ration의 약어

1. 포장을 연 상태. 요리 용기는 자체발열 기능이 있는 커버가 씌워진 상태로 수납된다.

●UGR-E (개량형)

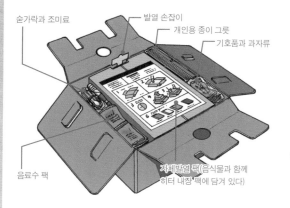

숟가락과 조미료
발열 손잡이
개인용 종이 그릇
기호품과 과자류
음료수 팩
자체발열 팩(음식물과 함께 히터 내장 팩에 담겨 있다)

2. 포장에 붙어있는 발열 손잡이를 잡아당겨 화학반응으로 히터를 작동시킨다.

3. 용기를 데우기 위해서는 30~45분 가량이 필요하다(가열 전에 음료수, 과자, 종이 그릇 등을 꺼내놓는다).

4. 발열 팩의 커버를 벗긴다. 히터는 매우 뜨거워져있는 상태이므로 화상을 입지 않도록 주의해야 한다.

5. 요리를 담은 용기를 꺼낸다. 이때 히터가 들어있는 용기가 붙어있는 상태로 꺼낸다. 가열 기능은 1회용이다.

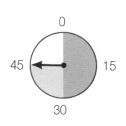

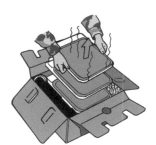

6. 용기의 뚜껑을 전용 따개로 벗겨낸 다음 요리를 종이 그릇에 담는다. 위생을 고려하여 각 음식물이 들어있는 용기마다 각각 다른 따개를 사용하는 것이 좋다.

간식 용기   *스타치 용기   야채 용기   메인 요리 용기

UGR-E는 폴리프로필렌제 용기 팩 4개(메인 요리, 간식, 스타치, 데운 야채 등의 레토르트 식품)을 중심으로 커피 등의 기호품과 조미료, 식기류를 1개의 종이상자에 수납하여 유닛으로 구성한 것으로 그대로 데워서 먹을 수 있다.
요리는 여러 가지 메뉴로 구성되며, 1인당 약 1,450kcal를 제공할 수 있다.

*스타치(Starch)=밥, 오트밀, 매시드 포테이토 등 탄수화물 식품

04. 보병의 급식(3)

더 이상 사용되지 않게 된 휴대용 식기

제1장 소화기
제2장 전투장비
제3장 생존장비
제4장 특수장비
제5장 미래의 보병장비

휴대용 식기는 병사들이 야외에서 식사를 할 때 사용하는 식기 세트이다. 포개어 휴대할 수 있는 금속제 용기 2~3개와 포크, 숟가락 등으로 구성되어 개인의 식사 뿐 아니라 조리기구로도 사용할 수 있어서 오랜 세월 동안 군인의 필수품으로 자리잡아 왔지만, 1990년대에 들어서면서 군대의 배식 개념과 시스템에 변화가 일어나면서 휴대용 식기의 필요성이 크게 낮아졌다. 식기는 종이 그릇을 사용하여 쓰고 버리는 식으로 바뀌었고, 병사가 직접 조리할 필요 없이 음식물이 들어있는 용기를 데워서 먹는 레토르트 식품의 보급의 비중이 높아졌기 때문이다.

[아래]프라이팬 형태를 한 미군의 휴대용 식기 세트. 금속제 용기로 본체와 뚜껑(프라이팬으로 사용 가능)과 숟가락, 나이프, 포크가 1세트로 구성되어 있다. 금속제이기 때문에 튼튼하고 불에 직접 사용할 수 있지만 녹이 스는 등의 단점이 있었다. [오른쪽]은 미군의 식기세척기

1990년대 미 공군의 야외 배식광경. 아직 개인용 휴대용 식기를 사용할 때의 모습. 배식받고 있는 식사는 요즘에 비해서 종류가 다양하지도 맛있어보이지도 않는다. 2000년대에 들어서면서 야전식의 종류와 질이 크게 발전했다.

*휴대용 식기=팬 형태와 반합 형태가 있다. 구 일본군은 병사 각자가 반합과 젓가락을 휴대했다고 한다.

현대 미 육군의 식사 풍경. [위]배식 담당자가 UGR-E 용기에 든 음식물을 덜어서 담아주는 모습. 음식물이 들어있는 전용 용기를 자체발열 히터로 즉석에서 데워서 보급하는 방식이다.

[오른쪽] 이동형 주방에서 조리하여 보온용기에 담아 운반해온 요리를 각자가 종이 그릇에 덜어먹는 병사들. 스테이크나 과일통조림 등 다양한 메뉴가 있다. 사진에서 보다시피 미군은 더 이상 휴대용 식기를 사용하지 않는다. 종이 그릇은 먹고난 후 그대로 버리면 되기 때문에 씻을 필요가 없어서 물을 절약하는 효과도 있다.

05. 보병의 급식(4)

컨테이너식 야전 취사장

아무리 영양과 맛에 신경을 썼다 하더라도 MRE나 UGR 모두 결국은 「전투식량」이다. 따라서 좀 더 일반적인 식사에 가까운 급식을 위해, 야 외에서도 조리가 가능한 야전 취사 기기가 미국을 비롯하여 각국 군대에서 개발, 운용되고 있다.

야전 취사장에서 만들어진 따뜻한 식사를 보온용기에 담아 운반하는 병사들. 이동식 야전 취사장에서 만들어진 요리는 본국에서 운반해 온 냉동식품, 건조식품, 통조림 등으로 유닛화된 UGR-A 또는 B로 구분되는 요리로, 조리과정은 간단한 가열 정도로 이루어진다.

[아래] 미 육군에서 1975년부터 사용해온 이동식 취사 트레일러 MKT. 내부에는 좌우 2열로 가스 버너가 배치되어 있으며 그 위에 냄비나 철판 등을 얹은 후 조리를 한다. 이동 시에는 각부를 접어서 컨테이너 형태로 수납되며 조리기구와 식기 등은 차량으로 운반하는 형태로 운용한다. 효율적이지만 가열 조리에 대응하는 유닛 식재료 외의 재료를 조리하기 위해서는 부가적인 설비와 수도시설 등이 필요하다는 단점도 있다.

●MKT(이동식 취사 트레일러)

천장 역할을 하는 커버는 비바람을 막아주며 야간에 빛이 새어나가지 않도록 막아준다.

조리용 철판

대류식 오븐

버너

*MKT=Mobile Kitchen Trailer의 약어

●*CK (컨테이너식 취사장)

CK는 MKT의 문제점을 보완한 이동식 취사장으로 1일 3식의 따뜻한 식사를 550~800인분 배식할 수 있으며 3일간 지속 활동이 가능하다. 전투지역의 장병에게 CK로 조리한 식사를 휴대식 보온용기에 담아 보급할 수 있다.

▼CK 내부 배치

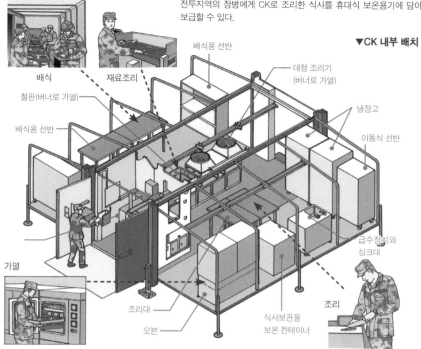

배식용 선반

대형 조리기 (버너로 가열)

배식   재료조리

냉장고

철판(버너로 가열)

이동식 선반

배식용 선반

급수장치와 싱크대

가열

조리

조리대

식사보관용 보온 컨테이너

오븐

요리를 익히기 위한 버너(제트연료인 JP-8을 사용), 환기장치, 조리, 음료, 손 세척 등에 사용하는 급수장치와 싱크대, 식사를 따뜻하게 보관하는 보온 컨테이너, 식재료 보관용 컨테이너, 야간 조리를 위한 조명설비, 발전기 등 조리에 필요한 모든 것이 갖추어져 있어서 조리병들이 쾌적하게 조리를 할 수 있다.

▼CK가 설치된 모습

컨테이너 본체

펼쳐진 텐트 부위

배식용 출입구

CK 내부에서의 배식 풍경. 5톤 트럭으로 운반할 수 있는 컨테이너 안에 모든 설비가 수납되어 있으며 환기와 전기 설비는 컨테이너 자체에 연결되어 있다.

*CK=Containerized Kitchen의 약어.

06. 보병의 급식(5)

야전 취사 차량은 장병들의 든든한 아군

제1장 소화기

제2장 전투장비

제3장 생존장비

제4장 특수장비

제5장 미래의 보병장비

컨테이너 형태로 진화한 이동식 취사장은 각국 군대에 배치되어 있기는 하지만 이른바 「필드키친」이라 불리우는 소형 이동식 취사기라면 최전방과 가까운 곳에서도 병사들에게 따뜻한 식사를 제공할 수 있다. 실력이 좋은 주방장이라면 일류 호텔이 부럽지 않은 요리를 만드는 것도 가능하다.

[오른쪽] UN의 감시활동에 참가한 독일연방군의 필드키친. 압력솥과 오븐 등을 갖춘 필드키친은 제2차 세계대전 때부터 각국에서 사용되어 왔다.
[아래] 육상자위대의 야전취구 1호. 조리기구가 트레일러와 일체화된 설계로 볶음밥, 국물, 튀김, 조림 등의 다양한 요리를 야외에서 조리할 수 있으며 200인분의 식사를 제공 가능하다.

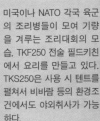

미국이나 NATO 각국 육군의 조리병들이 모여 기량을 겨루는 조리대회의 모습. TKF250 전술 필드키친에서 요리를 만들고 있다. TKS250은 사용 시 텐트를 펼쳐서 비바람 등의 환경조건에서도 야외취사가 가능하다.

● 독일연방군의 필드키친

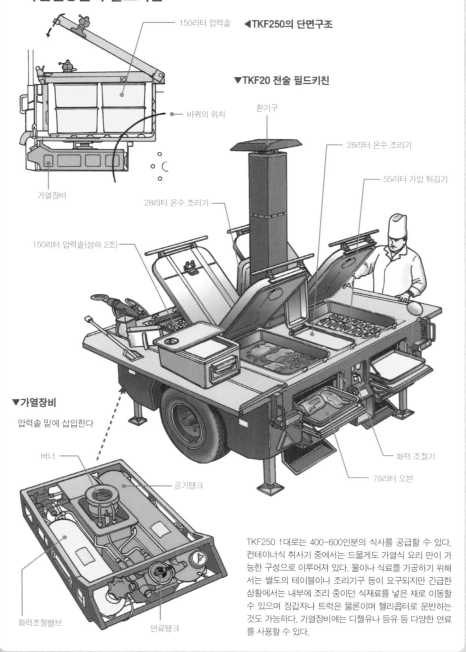

150리터 압력솥

◀TKF250의 단면구조

바퀴의 위치

가열장비

▼TKF20 전술 필드키친

환기구

28리터 온수 조리기

55리터 가압 튀김기

28리터 온수 조리기

150리터 압력솥(상하 2조)

▼가열장비

압력솥 밑에 삽입한다

버너

공기탱크

화력 조절기

78리터 오븐

화력조절밸브

연료탱크

TKF250 1대로는 400~600인분의 식사를 공급할 수 있다. 컨테이너식 취사기 중에서는 드물게도 가열식 요리 만이 가능한 구성으로 이루어져 있다. 물이나 식료를 가공하기 위해서는 별도의 테이블이나 조리기구 등이 요구되지만 긴급한 상황에서는 내부에 조리 중이던 식재료를 넣은 채로 이동할 수 있으며 장갑차나 트럭은 물론이며 헬리콥터로 운반하는 것도 가능하다. 가열장비에는 디젤유나 등유 등 다양한 연료를 사용할 수 있다.

07. 보병의 쉘터

전사들의 휴식을 위한 중요 장비

훈련이나 작전을 위해 야외에서 생활하는 경우가 많은 장병(특히 육군)에게 있어 쉘터(텐트)와 침낭(슬리핑백)은 대단히 중요한 장비이다. 전장에서 조금이라도 쾌적한 휴식을 취하여 체력을 보전하는 것은 장병들의 전투능력과 사기에 직결되기 때문이다. 하지만 그런 중요도에 비해서는 총기 등 무기류에 비해 상대적으로 발전이 더

딘 분야이기도 하다. 현재는 군용품보다 민간 아웃도어용품이 경쟁을 통해 빠르게 발전하고 있기 때문에 오히려 민간용 아웃도어용품을 도입하는 군대도 늘어나고 있다. 군에서 새로운 장비품을 개발하는 것보다 민간용품을 구입하는 쪽이 성능도 좋고 비용 면에서도 유리하기 때문이다.

[오른쪽] 병사가 야외에서 수면을 취하기 위해 침낭을 사용한다. 주둔지 등에서 텐트를 사용할 수 있다면 사진에서처럼 접이식 알루미늄 야전침대 위에 침낭을 올려서 수면을 취한다. 사진은 아프가니스탄에 투입된 캐나다군 주둔지의 광경이다. [왼쪽] 사진은 미군에서 가장 전통적인 2인용 텐트. 군용 텐트라 하면 이러한 디자인이 1990년대까지 일반적이었다.
단순한 구조이지만 캔버스 재질로 이루어져 무게가 나가는 편이며 설치하기도 까다로웠다.
당시 민간에서는 더 가볍고 사용하기도 편리한 프레임식 텐트가 판매되고 있었지만 군에서는 사용하지 않았다.

2000년대에 들어서면서 채용된 미군의 ICS (개량형 전투 쉘터).
립스탑 나일론 혼방 소재로 만든 개인용 돔형 텐트로 강화 플라스틱 폴대 2개를 겹쳐서 설치한다. 악천후에 강하면서도 가볍고 사용하기도 간편하며, 접은 후에는 배낭에 들어갈 정도로 부피가 줄어드는 등 기존의 텐트에 비해 비약적으로 발전한 장비이다.
이러한 장비들은 군에서 개발한 것이 아니라 민간용품을 채택한 것이다.

*ICS=Improved Combat Shelter 의 약어

[위]미군의 신형 침낭인 MSBS. 립스탑/나일론/폴리에스테르 혼방 소재의 침낭, 위장 패턴이 적용된 방수, 보온, 투습 기능성 커버(침낭 위에 씌우는 형식), 폴리우레탄제 셀로 구성된 깔판으로 구성되어 있으며 열대에서 한랭지까지 폭넓게 사용할 수 있다.

[오른쪽] 미군의 신형 판초(WW판초)는 고어텍스제로 방수성과 투습성이 높다. 판초는 우비 뿐 아니라 다양한 용도로 사용할 수 있어서 현대의 군대에서도 계속해서 사용되는 보병의 필수품 중 하나이다.

●독일군의 M1931판초(제2차 세계대전 당시)

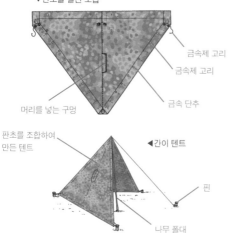

▼판초를 펼친 모습

금속제 고리

금속제 고리

머리를 넣는 구멍

금속 단추

판초를 조합하여 만든 텐트

◀간이 텐트

핀

나무 폴대

▲망토

군용 판초(판초)는 비옷, 방한복 뿐 아니라 여러 개를 연결하여 천막을 치거나 부상자를 운반하는 임시 들것으로도 사용할 수 있는 등 범용성이 높은 장비이다. 방수성을 이용하여 야외에서 물을 운반하는 용도로도 사용할 수 있다.
판초 중에서는 제2차 세계대전 당시 독일군이 사용한 것이 유명하다. 당시 독일군의 판초는 2매를 연결하여 일러스트와 같이 간이 텐트를 만들 수 있었다(기본적으로 4매를 연결하여 1개의 텐트로 사용했다고 전해진다). 또한 위장무늬로 이루어져 있어서 위장복을 대신하여 사용되기도 했다.

*MSBS=Modular Sleeping Bag System의 약어

08. 전장의 공중 위생

질병으로 인한 비전투 손실 방지를 위해

제1장 소화기 / 제2장 전투장비 / 제3장 생존장비 / 제4장 특수장비 / 제5장 미래의 보병장비

전투에서 장병이 전사하는 경우라면 어쩔 수 없지만 질병으로 인해 전투불능 상태에 빠지는 것은 커다란 전력손실이다. 예를 들어 1명의 장병이 질병에 감염된다면 후방의 병원으로 이송, 입원시킬 경우 치료와 관리에 의료관계자를 포함하여 다수의 인원이 투입되어야 한다.

만약 대량의 환자가 발생하게 될 경우에는 그

에 상응하는 만큼 인력투입이 필요해지기 때문에 전투 가능한 인원이 크게 줄어들게 된다. 하지만 질병은 어느 정도까지는 예방할 수 있으며 이를 위해서는 공중위생을 위한 설비와 지식교육이 중요하다. 전장에 있는 위생설비의 설치와 관리, 장병에 대한 공중위생교육을 위해 중요한 것이 전장의료 개념이다.

[왼쪽 위] 미군의 샤워용 텐트 내부. 여러 개의 샤워기가 설치되어 10명 정도의 인원이 동시에 샤워를 할 수 있다. 바닥은 일반 목욕탕과 같이 나무 살마루판으로 이루어져 있다. [오른쪽 위] 미군 샤워 텐트의 바깥쪽 모습. 다수의 인원이 단체생활을 하는 군대는 질병 예방을 위해 가능한 장병들의 신체를 청결하게 유지해야 한다. 이를 위해 최전선 기지에서는 가설과 해체가 쉬운 이동식 샤워설비를 설치하는 경우도 있다. [왼쪽 아래] 배설물은 다양한 질병의 원인이 된다. 척박한 최전선 환경은 청결을 유지하기 어렵기 때문에 질병 발생을 막기 위해서 임시 화장실을 가설하고 배설물을 정기적으로 처분해주는 등의 관리가 필요하다. 임시 화장실을 설치하기 어려운 상황에 대비하여 미군에서는 사진의 WAG BAG이라 불리우는 휴대용 화장실 키트를 지급하고 있다. [오른쪽 아래] 각 분야에 여성 장병이 진출하고 있는 미군에서 지급되고 있는 FPP 키트. 생리용품 등이 포함되어 있다.

❶배설물 봉투
❷물티슈
❸수납 봉투(배설물 봉투를 넣는다)
❹휴지
❺패키지 봉투

*FPP=Feminine Protection Products의 약어.

오염되지 않은 깨끗한 물의 확보는 전장에서 무엇보다도 중요한 일이라고 할 수 있다. 이를 위해 군에서는 다양한 종류의 이동식 정수장비를 확보하고 바닷물이나 개천물 등을 정수시켜 마실 수 있는 식수로 만든 다음 급수차나 급수 탱크 등으로 전선에 전개 중인 부대에 보급한다. 하지만 최전선에서는 병사 각자가 스스로 식수를 확보하지 않으면 안되는 경우도 발생한다. 이럴 때 위력을 발휘하는 것이 휴대용 정수장비로, 왼쪽 사진은 미 해병대에서 교관이 훈련생에게 휴대용 정수장비의 사용법을 교육하는 장면이다.

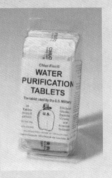

[왼쪽] 휴대용 정수장비가 없을 때에 사용할 수 있는 정수알약. 개천이나 우물의 물을 마실 수 있는 상태로 만들어준다. 수통에 넣은 물에 알약을 집어넣고 4시간 정도 기다리면 이산화염소의 살균작용으로 맛은 없지만 마실 수 있는 상태의 물이 된다. 하지만 모든 물에 효과가 있는 것은 아니므로 주의할 필요가 있다.
[오른쪽] 차량 견인형 정수장비. 최신형 장비일수록 짧은 시간의 대량의 식수를 만들 수 있는 능력을 발휘한다. 강이나 개천에서 물을 퍼올리기 위한 펌프, 정수장비, 발전기 등이 하나의 세트로 구성되어 있어서 이 한 대로 식수공급을 위한 모든 기능을 수행할 수 있다.

●최신 개인용 구급낭First Aid Kit

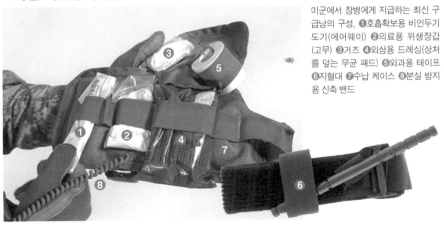

미군에서 장병에게 지급하는 최신 구급낭의 구성. ❶호흡확보용 비인두기도기(에어웨이) ❷의료용 위생장갑(고무) ❸거즈 ❹외상용 드레싱(상처를 덮는 무균 패드) ❺외과용 테이프 ❻지혈대 ❼수납 케이스 ❽분실 방지용 신축 밴드

09. 야전 의무병(1)

전투병이기도 한 의무병이란?

'메딕'이라는 명칭으로 유명한 의무병의 업무는 전장에서 동료가 부상당할 경우의 응급조치이다. 가벼운 상처라면 그 자리에서 치료하여 전투에 복귀할 수 있도록 하며, 중상이

나 전투행동이 불가능한 상황이라면 응급조치 후 부상병의 상태와 조치한 내용을 기록하여 후방으로 이송된 부상병이 의료진에 의해 적절한 치료나 수술을 받을 수 있도록 한다.

미 육군 레인저 부대의 전투의료병Combat

◀미 육군 레인저 부대의 컴뱃 메딕

❶구급 배낭
❷MOLLE(MOLLE 벨트에 파우치 등을 장착)
❸보조화기(권총)
❹소형 구급낭

▼SAM 스프린트를 사용한 골절 처리

SAM 스프린트(부러진 팔다리를 고정시키기 위한 알루미늄 부목). 기존의 부목보다 가볍고 견고하다.

밴드 테이프로 흔들리지 않도록 고정해준다

팔의 길이와 모양에 맞춰 접은 SAM 스프린트

▼핑거 스프린트를 사용한 손가락 골절 처리

밴드 테이프

핑거 스프린트(알루미늄제 손가락용 부목. 부러진 손가락을 정확한 위치로 잡아주며, 손가락의 길이에 맞춰 접은 다음 밴드 테이프로 단단하게 고정해준다.

Medic은 특수부대용 외과치료를 중심으로 한 보다 전문적이며 많은 시간의 훈련을 받는다(하지만 특수부대의 의료대원 같은 현장 치료 행동은 허용되지 않는다).

한편 의무병 자신의 몸을 지키기 위해 개인화기를 휴대하며 전투에 참가하는 경우도 있다.

정규군 간의 교전이 아닌 전투 상황이 더 많아지는 현대전에서는 과거와 같이 의무병이 헬멧이나 팔뚝에 붉은 십자가 표시를 하더라도 안전을 보장할 수 없으며 오히려 이를 노린 공격을 받는 경우도 많다.

*드레싱=멸균 거즈, 압박대, 붕대 등으로 상처를 덮는 행위

▼2차 세계대전 당시 미 육군의 의무병

메딕은 부상당한 병사의 고통을 줄여주기 위해 몰핀을 주사하고 현장에서 2차 감염을 막기 위해 설파제를 처방한다.

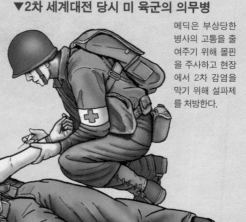

●각종 의료기구의 사용법

컴뱃 메딕이 부상병에게 사용하는 의료기구와 사용법의 일부

▼링거를 이용한 수액 공급

링거액의 점적

링거액(총상 등으로 대량출혈을 일으켜 혈압이 저하되었을 때 링거로 수액을 공급)

목보호대(부상 악화를 막고 목과 경추를 보호)

▼드레싱을 이용한 상처 보호

드레싱 (상처를 감싸 병원균의 침투를 예방)

▶체스트 씰로 총상 응급처치

흉부총상으로 호흡기가 파손될 경우 정상호흡이 불가능해지는데 체스트씰을 처방하여 이를 일시적으로 막아준다.

쇼크 팬츠는 외상에 의한 대량출혈로 쇼크 상태에 빠진 부상자에게 사용하여 혈압을 유지시키는 장비이다.
바지 안쪽의 튜브에 공기를 주입하여 하반신을 압박하는 방식으로 약 1000ml 수혈과 같은 효과를 낸다.

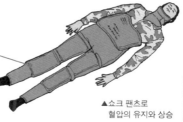

▼에어웨이로 기도확보

에어웨이로 인공호흡이 필요한 부상자의 기도를 확보

▲쇼크 팬츠로 혈압의 유지와 상승

10. 야전 의무병(2)

의무병이 휴대하는 의료 장비와 의약품

제1장 소화기

제2장 전투장비

제3장 생존장비

제4장 특수장비

제5장 미래의 보병장비

컴뱃 메딕은 총상 응급처치(지혈, 감염증 예방을 위한 투약, 드레싱으로 환부 보호, 긴급한 상황일 경우의 총탄과 파편 적출과 봉합 등)과 골절 처리(부러진 뼈를 전용 기구로 고정)를 중심으로 한 외과교육을 받는 전문의무병이다. 특수부대 등에서는 고도의 의료교육을 받은 의무병도 많아

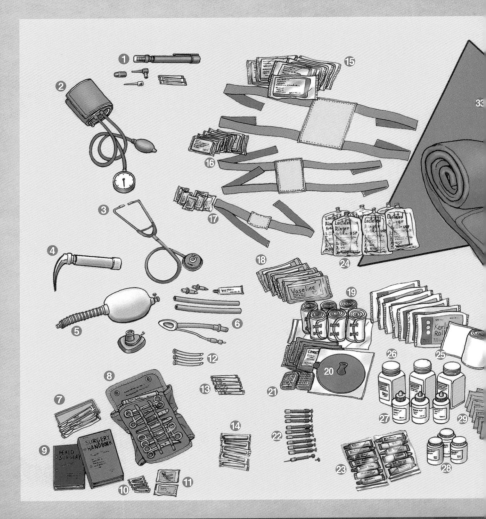

서 그들의 의료지식과 기술, 경험은 일반 의사보다도 수준이 높은 경우도 있다. 전선에서의 응급조치에 의해 부상병의 생사가 크게 좌우되기 때문에 컴뱃 메딕에게는 높은 수준의 지식과 기술이 요구된다. 그만큼 이들이 휴대하는 의료기구와 의약품도 많아지며 이를 수납하는 구급 배낭도 커질 수 밖에 없다.

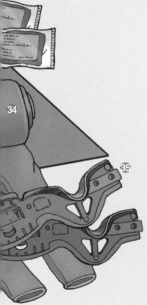

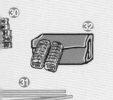

구급 배낭은 필요한 의료기구와 의약품을 수납할 뿐 아니라 상황에 따라 즉시 꺼내서 사용할 수 있는 실용성을 중시한 디자인으로 만들어져있다.

❶ENT 키트(귀, 코, 목구멍을 확인하기 위한 조명 관측기) ❷혈압계 ❸청진기 ❹인두경 ❺수동 인공호흡기 ❻구인두 에어웨이(기도를 확보하기 위해 입에 집어넣는 기구. 랑게리아, 마스크, 식도개방식 에어웨이, 윤활제 등) ❼외과용 메스 ❽야전외과 키트(메스, 지혈용 겸자, 봉합용 겸자, 핀셋, 바늘, 절단용 가위, 지침기 등으로 구성된 외과수술용 기구) ❾매뉴얼과 의료기록 카드 ❿예비 메스날 ⓫외과용 실 ⓬비인두 에어웨이 (심정지 등 인공호흡이 필요한 긴급한 상황에서 인공호흡을 위한 기도 확보하기 위해 사용하는 기구) ⓭1회용 혀 겸자 ⓮혈액 석션 튜브 ⓯대형 드레싱(2차 감염을 막기 위해 상처를 감싼다. 환부 크기에 따라 대·중·소로 나뉜다) ⓰중형 드레싱 ⓱소형 드레싱 ⓲바셀린 거즈 ⓳압박 붕대 ⓴체스트 씰(흉부에 총상 등의 부상으로 호흡기가 손상될 경우 정상적인 호흡이 곤란해지는데 상처 부위에 패치 형태의 체스트 씰을 부착하여 호흡을 유지시킨다) ㉑외과용 스폰지 거즈 ㉒몰핀(1회용 주사기 방식) ㉓각종 연고와 안약 ㉔링거 수액 각종(대량 출혈로 혈액과 조직간액이 감소하였을 때 점적 주사로 수액을 보급) ㉕커릭스 거즈 붕대 ㉖증류수 ㉗소독약 ㉘각종 알약(아스피린 등의 진통제와 항생물질) ㉙화상용 드레싱 ㉚에피네프린(국소출혈 등의 지혈에 사용. 1회용 주사기 방식) ㉛핑거 스프린트 ㉜SAM 스프린트 ㉝삼각건 (오른쪽에 있는 팩은 수납 상태) ㉞쇼크 팬츠 ㉟목보호대

*체스트 씰=파병 경험이 많은 미군 등의 군대에서는 필수품이 되었지만 총상 경험이 없는 나라의 군에서는 아직 갖추고 있지 않은 곳이 많다.
*링거액=전선에서 대량 출혈로 혈압이 낮아진 경우에도 링거 액을 점적 주사한다.

CHAPTER 4
Special Equipments

특수 장비

야시장비, 가스마스크, NBC 방호복, 낙하산, 그리고 군용 차량까지.
제4장에서는 보병의 특수장비를 알아보도록 하자.

01. 야시장비와 적외선 영상 장치

야간 경계나 전투에 있어 필수적인 장비

현대 미 육군은 감시, 정찰, 전투 등을 밤낮을 가리지 않고 진행할 수 있는 방향으로 가고 있으며 이를 위해 야시장비와 적외선영상장비를 도입하고 있다. 이들 장비는 인간의 눈으로는 볼 수 없는 것을 보이게 한다는 공통점이 있지만 원리와 가능은 각각 다르다.

야시장비의 경우 사용하는 기술에 따라 종류가 나뉘어지는데, 그 중에서 현대의 군에서 주로 사용되는 것은 스타라이트 야시장비(미광증폭식 야시장비)이다.

한편 2000년대에는 적외선영상장비의 발전이 가속화되었다. 이 장비의 핵심이라 할 수 있는 감지기와 냉각 시스템이 소형경량화되면서 장비 자체의 크기와 활용성이 이전에 비해 크게 향상되었다. 이러한 적외선영상장비 중에서 대표적인 것이 AN-PSQ-20이다.

1 AN/PVS-13 TWS를 조작하는 미 해병대원. TWS는 적외선영상 조준 사이트로, 돌격소총 등에 장착하여 사용할 수 있으며 사진에서처럼 독립된 관측장비로도 사용할 수 있다.

2 스타라이트 야시장비의 사진. 총신 위에 빛나는 것은 적외선 레이저 / AN/PEQ-2 야간 표적지시기로 서, 야시장비로 보면 적외선 레이저가 조사되는 것을 볼 수 있다.

3 AN/PSV-21 은 홀로그래픽 방식의 야시장비로 착용자가 특수 가공 렌즈를 통해 전방을 보면 야시장비의 화상도 렌즈 부분에 투영되는 방식으로 실제의 거리감을 인식할 수 있는 수준의 영상 정보를 제공한다. 이라크 저항세력 진압을 위해 미군과 영국군 특수부대로 조직된 태스크 포스 145에 배치된 영국군 특수부대 SAS 대원이 사용했다.

4 적외선 영상 장비로 본 T-62 전차. 차체의 온도가 높은 부분이 하얗게 표시된다.

5 AN/PSQ-20을 통해 본 화상

*TWS=Thermal Weapon Sight의 약어 *SAS=Special Air Service 의 약어

희미한 달빛

짙은 구름 등으로 달빛이 가려진 완전한 어둠 속에서는 장비를 사용해도 효과가 없다.

달빛을 반사하고 있다.

야시장비

미세한 빛의 반사를 높은 배율로 증폭시켜 사람의 눈으로 볼 수 있는 화상으로 변환한다

◀스타라이트 야시장비의 원리

흑백 TV의 화면을 녹색으로 칠한 듯한 화상

다 보인다구~

야간 감시장비라는 공통점이 있지만 야시장비와 적외선영상장비는 작동방식과 영상 등에서 차이가 있다.

모든 물체가 발산하는 열을 센서가 감지하여 사람의 눈으로 볼 수 있는 화상으로 변환한다. 이 때문에 영상이 열분포도와 같은 모습을 하게 된다.

◀적외선영상장비의 원리

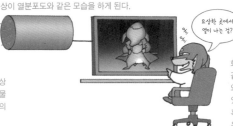

요상한 곳에서 열이 나는 것?

물체는 절대영도인 경우가 아닌 이상 반드시 열을 발산한다. 또한 같은 물체라도 부위에 따라 발산하는 열의 양에 차이가 있다.

화상은 온도차를 색분포도와 같이 표시한다. 또는 흑백TV와 같은 영상으로 표시할 수 있다.
흑백 영상의 경우 열 온도가 높은 부위일수록 하얗게 보인다.

AN/PSQ-20은 스타라이트 야시장비와 적외선영상장비를 일체화시킨 것으로, 야시장비를 적외선영상장비가 보완하는 구조이며, 두 장비가 만들어낸 영상을 조합, 정보를 만들어내기 때문에 주변의 물체와 온도차가 다른 존재(예를 들어 야간에 평원을 걷는 병사)를 확실하게 구별해준다.

*STTW=Sense Through The Wall 의 약어

● 벽 너머를 감지하는 장비

시가전 등에서 건물 내부를 제압할 경우 무조건 돌입하기보다는 건물 내부의 상황을 파악한 이후에 행동을 전개하는 것이 훨씬 유리하다. 건물 내부나 실내의 상황을 파악할 수 있는 장비는 몇 가지가 개발되고 있는데 그 중에서 간단하게 상황을 파악할 수 있는 획기적인 장비가 STTW(벽면 투과 감지장비)이다. 벽면 투과형 레이더(도플러 레이더)를 사용하여 벽 너머에 있는 사람의 심장박동을 검출하는 방식으로 인간의 존재를 구별할 수 있는데, STTW는 여러 업체에서 제조되고 있으며 그 중에서 군이 사용하는 것은 작고 가벼운 휴대용 장비로, 미군에서는 AN/PPS-26을 채용했다. 사진은 카메로 사의 장비로 길이 20cm 이하(소재는 불명)의 벽에 사용 가능하며 감지 거리는 8m 가량이다.

02. 가스마스크

이전보다 착용감이 개선된 가스마스크

군용 가스마스크에서 가장 중요한 것은 내부를 기밀 처리하고, 독가스나 병원성 미생물에 감염된 공기를 정화하여 착용자에게 공급하는 것이다. 또한 NBC 방호복과 함께 장시간 착용하는 경우도 있기 때문에 착용감이 쾌적한 것도 중요한 요소 중 하나이다. 이것은 초기의 가스마스크 이후 줄곧 고민되어온 문제이다. 마스크를 얼굴에 밀착시키기 위해서는 얼굴에 닿는 부분에 고무 등의 소재를 사용하였지만, 밀착성이 좋아질수록 거기에 반비례하여 착용감은 더욱 악화되기 일쑤였다.

하지만 현대의 가스마스크는 실리콘과 같은 신소재의 발전으로 밀착성과 착용감을 동시에 향상시키는 것이 가능해졌으며 가스가 새어들어오는 것도 막고 화학무기에 대한 저항능력도 갖춘 신소재가 개발되고 있다. 또한 가스마스크에서 가장 중요한 부분이라 할 수 있는 정화통의 경우도 더욱 작고 성능이 높으며 장시간 사용할 수 있는 형태로 진화하고 있다. 물론 가스마스크를 착용한 상태에서 음료수를 섭취할 수 있는 것도 중요한 기능 중 하나이다.

● 현대 가스마스크의 구조

[위] NBC 상황에서는 가스마스크 뿐 아니라 사진과 같이 NBC 방호복도 착용하지 않으면 안된다.
[아래] 현용 M40 가스마스크를 착용한 미군 병사

아래 일러스트는 일반적인 대 NBC병기용 가스마스크의 구조이다. 마스크의 안면 부분이 얼굴에 밀착되며 착용자가 정화통을 투과한 공기를 마시는 구조로 유독가스로부터 눈과 호흡기관을 보호한다. 정화통은 호흡에 의한 마스크 안의 압력을 이용하여 흡기 밸브와 배기 밸브가 개폐되는 구조로 되어 있다.

《흡기》

안면 부분에 들어간 공기

배기 밸브가 닫힌다

투과된 공기

미립 필터

섬유 필터

흡인력으로 흡입, 밸브가 열린다

정화통에 들어오는 외부 공기

《호기》

내뱉는 숨의 힘으로 밸브가 열린다

마스크로부터 빠져나가는 호흡

흡기밸브가 닫힌다

제1장 소화기
제2장 전투장비
제3장 생존장비
제4장 특수장비
제5장 미래의 보병장비

●가스마스크 착용법

❶마스크를 얼굴에 밀착시킨다. 얼굴에 닿는 안면부분에 머리카락이 걸리지 않도록 주의(머리카락과 가스마스크 사이의 빈 틈으로 외부 유독가스가 유입될 위험성이 있다)
❷마스크가 얼굴에 밀착되면 벨트로 고정한다.
❸벨트를 조절하여 턱 부분을 확실하게 고정한다.
❹호기 밸브를 손으로 막고 숨을 내쉰다. 숨이 밖에 나가지 않으면 OK
❺흡기 밸브를 손으로 막고 숨을 들이쉰다. 마스크가 얼굴에 들러붙듯 오그라들면 OK. 마스크를 착용한 상태에서의 호흡은 천천히 길게 한다.

최근에는 민간인도 고성능 군용 가스마스크를 구입할 수 있게 되었지만 제대로 된 사용법을 훈련하지 않은 상태로 착용할 경우에는 대단히 위험한 상황이 일어날 수 있다. 고성능 마스크를 정확히 사용해야만 높은 효과를 얻을 수 있으며 사용법을 제대로 익히지 않은 채 사용하는 것은 죽음으로 직결되는 행동이다. 또한 가스마스크에 장착된 정화통에는 사용기한이 있어서 이 기한이 지난 정화통은 기능을 발휘하지 않는 경우도 있다.

●M40의 착용법

미군의 현용 가스마스크 M40은 안면 부분이 실리콘 커버로 되어 있어 얼굴에 밀착되는 느낌이 매우 좋다. 또한 8~12시간 정도는 착용한 상태로 활동이 가능하며 전용 빨대를 연결하여 마스크를 착용한 상태에서 수분을 섭취할 수도 있다. 여기에 음성확장기 부분에 통신기를 장착하여 의사소통 능력도 크게 향상되었다.

❶ 흡기 밸브를 한손에 들고 마스크를 얼굴에 밀착시킨 다음 밴드로 고정한다.

❷ 마스크를 착용하면서 마스크가 흘러내리지 않도록 후드를 뒤집어쓴다.

후드
마스크 본체
고정 끈
벨트

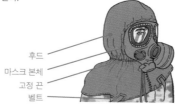

❸ 후드를 완전히 착용한 뒤, 끈으로 고정한 다음 후드가 흘러내리지 않도록 벨트를 겨드랑이 쪽으로 맨다.

*죽을 수도 있다=긴급 시에 훈련을 받지 않은 자가 고성능 가스마스크를 착용하였지만 제대로 된 호흡법을 몰라서 질식한 사례가 있다.

03. 화생방 보호의

오염된 환경에서 몸을 보호하는 복장

 NBC병기가 사용될 위험이 있는 장소, 또는 이미 사용된 장소에서 활동하기 위해서는 방사성물질과 병원성 미생물, 유독성 화학물질이 포함된 공기나 물로부터 인체를 완전히 차단해야만 한다.

 이를 위한 장비가 NBC 방호복이다.

 하지만 1980년대까지 NBC 방호복의 소재는 통기성이 없는 합성고무 뿐이어서 방호복 내부의 온도 상승을 막을 수 없었다. 이 때문에 착용자는 큰 스트레스를 받았고 심할 경우 탈수현상을 일으키는 등의 문제가 있어 장시간 활동은 불가능했다.

 1990년대에 들어서면서 독일의 블뤼허Blücher에서 통기성 기능을 갖춘 '사라토가 슈트'를 개발하면서 NBC 방호복도 (이전에 비하여) 쾌적한 복장으로 발전하게 되었다.

사라토가 슈트는 1990년대 말부터 미군에서도 JSLIST라는 명칭으로 채용하여 텍스 쉴드 사에서 면허생산하고 있다.
사진은 UCP위장 패턴의 JSLIST

*NBC 병기=N은 핵(Nuclear), B는 생물(Biological), C는 화학(Chemical)의 머릿말. *JSLIST=Joint Service Lightweight Integrated Suit Technology의 약어. 원래는 프로젝트의 이름이었지만 이후 미 육군 NBC 방호복의 명칭으로 굳어졌다.

●최신 군용 NBC 방호복 JSLIST

JSLIST는 오른쪽 아래의 일러스트와 같이 기반이 되는 원단에 구형활성탄이 고밀도로 코팅되어 있으며 겉면에는 난연성과 발수기능을 갖춘 섬유로 덮여 있다. 여기에 착용자의 피부에 직접 닿는 안감 부분은 흡습, 방습 기능성 섬유를 사용한 3중 구조로 구성되어 있다.

액상 형태의 오염물질은 대부분 겉면에서 막아낼 수 있으며 오염된 공기(유독성 가스나 에어로졸을 이용한 병원성 미생물)가 이를 통과하더라도 구형활성탄의 흡착 작용으로 막아낼 수 있다. 한편 착용자의 몸에서 나오는 열은 기능성 안감이 흡수하여 외부로 배출하게 된다. 덕분에 일반 전투복 위에 착용하는 것도 가능하다.

JSLIST는 후드, 상의, 하의, 장화 등 4개의 주요 장비로 구성되어 있다.

상의의 앞섶은 지퍼와 벨크로로 닫으며, 상의와 하의가 겹쳐지는 부분은 벨크로(허리 위가 길며 허리띠 부분을 벨크로 테이프로 감싼 형태)로 밀폐하여 방호복 내부로 오염물질이 침투하는 것을 막는다. 사용 후에는 세척하여 다시 사용할 수 있다.

▶JSLIST

후드 / M40 가스마스크 / 방호장갑 / 상하의가 분리된 방호복(겹쳐지는 부위를 벨크로로 접합)

《NBC 방호복의 구조》

유독가스 등 화학물질과 에어로졸 형태의 병원성 미생물이 통과하지 못 한다.

피부에서 발산되는 열은 외부로 배출.

액상 독성 물질이나 크기가 큰 분자 형태의 독성 물질은 통과하지 못 한다.

고밀도의 구형활성탄으로 구성된 내피 부분

외피 / 안감 / 피부 / 신체

04. EOD슈트

궁극의 방탄복이란?

EOD슈트는 폭발물 처리 시에 착용하는 내폭 방호복의 명칭으로, 일명 밤 슈트Bomb Suit라고도 불리운다. 이 복장은 폭발 시 발생하는 폭풍과 충격파로부터 착용자를 보호하는 옷으로 그야말로

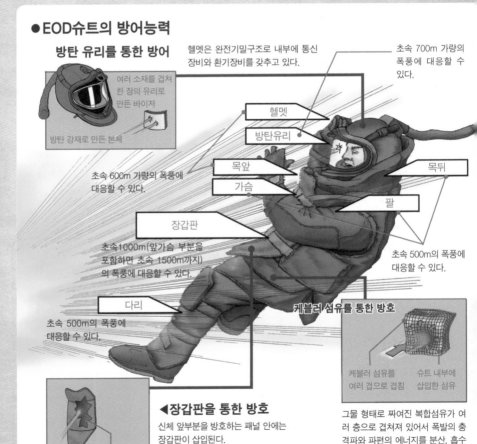

● EOD슈트의 방어능력

방탄 유리를 통한 방어

여러 소재를 겹쳐 한 장의 유리로 만든 바이저

방탄 강재로 만든 본체

헬멧은 완전기밀구조로 내부에 통신 장비와 환기장비를 갖추고 있다.

초속 700m 가량의 폭풍에 대응할 수 있다.

헬멧

방탄유리

목앞

가슴

목뒤

팔

초속 600m 가량의 폭풍에 대응할 수 있다.

장갑판

초속1000m(앞가슴 부분을 포함하면 초속 1500m까지)의 폭풍에 대응할 수 있다.

초속 500m의 폭풍에 대응할 수 있다.

다리

초속 500m의 폭풍에 대응할 수 있다.

케블러 섬유를 통한 방호

케블러 섬유를 여러 겹으로 겹침

슈트 내부에 삽입한 섬유

◀장갑판을 통한 방호

신체 앞부분을 방호하는 패널 안에는 장갑판이 삽입된다.
몸 아래쪽에서 폭발하는 경우를 고려하여 방호 패널에는 아래쪽으로 각도가 적용되어 있다.

장갑판

그물 형태로 짜여진 복합섬유가 여러 층으로 겹쳐져 있어서 폭발의 충격파와 파편의 에너지를 분산, 흡수하는 형태로 막을 수 있다.

*EOD=Explosive Ordnance Disposal 의 약어. 폭발물처리반을 의미.

궁극의 방탄복이라고 부를만한 옷이다. 폭탄테러가 유행하는 최근에는 수요가 급증하여 여러 회사가 다양한 모델의 EOD슈트를 개발하고 있다.

EOD슈트를 착용한 미군 폭발물 처리반 대원. IED(급조폭발물)의 기폭장치의 코드를 절단하여 무력화한다. 장갑을 벗고 맨손으로 까다로운 작업을 진행하고 있다.

EOD슈트는 강력한 폭풍을 방호복 전체로 막아내며 에너지를 분산시키는 구조로 이루어져 있다. 특히 중요부분인 몸통 앞부분에 방호력이 집중되어 있어서 1~2m 근거리에서 최대 1500m 크기의 폭풍에도 견딜 수 있다.(물론 고성능 폭약의 충격파에는 견디지 못한다.) 완전 장비 시의 무게는 30kg이 넘는다.

●EOD 방호복의 각부 명칭

일러스트는 앨런 뱅가드Allen Vanguard 사의 EOD슈트
❶헬멧 (환기장비와 헤드셋 내장)
❷방탄유리
❸앞가슴 패널(목과 복부, 하복부를 방어하는 장갑판)
❹작업장갑
❺장화 (방호복 바지와 일체형)
❻무릎 보호대
❼방호복 본체
❽휴대무전기
❾신속 해체 손잡이(위급한 상황에서 앞부분 패널을 신속히 탈착)
❿목 방호대

05. 길리슈트

위장의 명인, 저격수들의 필수품

　　자신의 존재를 숨기고 기회를 노리는 저격수에게 위장에 특화된 길리슈트는 필수품이다.

　　일반 위장복도 자연 지형에 숨을 수 있도록 고안된 옷이지만 반복되는 위장무늬와 착용자의 몸 형태 때문에 완전한 위장 효과는 보장하기 어렵다. 저격수는 길리슈트를 착용하여 주변 환경에 녹아들 수 있으며 적에게 발견되지 않을 수 있다. 숙련된 저격수는 적의 수 미터 앞까지 접근하더라도 발각되지 않을 정도이다. 길리슈트는 삼림이나 울창한 수풀이 있는 자연환경 안에 있을 때 그 진가를 발휘하지만 활동성은 크게 떨어지는 편이다. 길리슈트는 스코틀랜드에서 귀족이 사냥을 즐기는 사냥터의 관리인이 사냥을 하거나 밀렵자를 잡을 때 입던 옷에서 유래했다고 하는데, 이에 주목한 영국군이 군의 저격수에게 착용하게 한 것이 길리슈트를 군에서 운용한 첫 사례로 전해지고 있다.

길리슈트를 착용한 오스트레일리아군의 저격수. 사용하는 저격 소총에도 잘게 자른 천조각을 겹쳐서 위장효과를 높였다. 사진은 가까운 거리에서 아래에서 위를 올려보는 앵글이므로 사용자와 소총의 형태가 잘 보이지만 실제로는 거리를 두고 보게 되므로 쉽게 발견하기는 어렵다.

*삼림이나 수풀 등=최근에는 사막용 길리슈트도 제작되고 있다.

《위장복》 《길리슈트》

《길리슈트와 위장망》

◀위장의 테크닉

길리슈트는 위장복보다 효과적으로 몸의 형태를
가려준다. 여기에 주변의 식물 등을 붙인 위장망
을 뒤집어쓰면 주변 환경에 녹아들 수 있게 된다.
위장기술에는 주변 지형과 생태, 계절 등에 맞추
는 작업이 필수이다.

짧게 찢은 천과 위장망
을 씌운 부니햇

잘게 찢은 천조각들을
붙인 위장망

캔버스천을
댄 보강부

전투복(기본이 되는
전투복 역시 주머니
를 잘라내고 옷 안
쪽에 붙이는 등의
가공을 한다)

쌍안경

나침반

지도

전투화

▶길리슈트

이 길리슈트는 엎드렸을 때 지면에 닿는 앞가슴과
다리 앞부분 등을 캔버스천으로 보강한 다음, 등
과 어깨 등 엎드렸을 때 노출되는 부위에 잘게 자
른 위장색 천조각을 엮은 위장망을 붙였다. 야외
에서 더욱 높은 위장효과를 내기 위해서는 전신을
덮는 위장망을 씌운 다음 작전지역의 풀이나 천
조각을 이용하여 환경에 맞게 가공을 해주게 된다.

06. 낙하산(1)

낙하산의 종류와 구조

제1장 소화기

제2장 전투장비

제3장 생존장비

제4장 특수장비

제5장 미래의 보병장비

군에서 실행하는 낙하산 강하에는 스태틱 라인Static Line 강하(186쪽 참조)와 프리 폴Free Fall 강하가 있다.

프리 폴 강하는 스태틱 라인을 사용하지 않고 비행기에서 낙하한 다음 적정고도에서 낙하산을 펼치는 강하법으로 특수부대에서 주로 사용한다.

군사작전에서 어떤 방법을 사용하느냐는 작전 내용과 강하하는 부대의 특성, 부대의 운송수단 등에 따라 달라진다.

스태틱 라인 강하 시에는 원형 낙하산을 사용하고 프리 폴 강하 시에는 직사각형 낙하산을 사용하는 것이 일반적이다.

●낙하산의 구조

낙하산의 캐노피(주산)은 공기저항을 크게 하여 낙하속도를 떨어트리는 역할을 한다. 캐노피는 개산 시(펼쳤을 때) 반구형이 되도록 20~24매의 천(삼각형 또는 사각형으로 재단된 천을 3~5장씩 재봉)을 모아서 제조된다. 재질은 가볍고 질긴 소재가 사용되는데, 제2차 세계대전 당시에는 낙하산의 소재로 비단이 사용되었다. 하지만 햇빛과 습기에 손상되기 쉬우며 손질이 까다롭고 단가도 높았기 때문에 전쟁 후 나일론 소재로 대체되었다.

장병의 몸에 착용하는 하네스는 낙하산 줄Suspension Line, 4개의 벨트로 이루어진 라이저와 캐노피 전개 고리로 캐노피와 연결되어 있다. 낙하산 줄은 캐노피를 구성하는 천의 수에 맞춰 4다발로 엮어서 라이저 끝의 고정부(전후좌우 합계 4개)에 단단하게 결합되어 있다. 라이저는 캐노피 전개 고리를 통해 하네스에 연결되어 캐노피 개산 시의 흔들림으로부터 착용자의 몸을 안정시켜준다.

캐노피

기공(방향전환용 구멍)

낙하산줄

라이저

캐노피 전개 기구

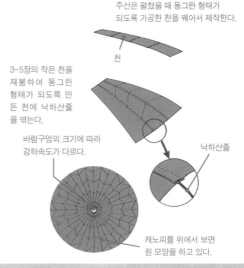

주산은 펼쳤을 때 동그란 형태가 되도록 가공한 천을 꿰어서 제작한다.

천

3~5장의 작은 천을 재봉하여 동그란 형태가 되도록 만든 천에 낙하산줄을 엮는다.

바람구멍의 크기에 따라 강하속도가 다르다.

낙하산줄

캐노피를 위에서 보면 원 모양을 하고 있다.

● 낙하산의 제어

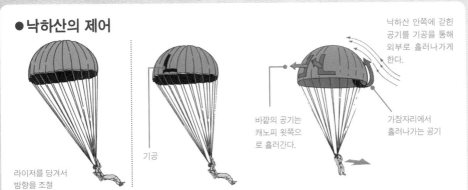

낙하산 안쪽에 갇힌 공기를 기공을 통해 외부로 흘러나가게 한다.

바깥의 공기는 캐노피 윗쪽으로 흘러간다.

가장자리에서 흘러나가는 공기

기공

라이저를 당겨서 방향을 조절

스태틱 라인 강하에는 원형 낙하산이 사용된다. 제2차 세계대전 당시 사용된 원형 낙하산은 캐노피 윗부분에 낙하안정용 구멍만이 뚫려있었다. 당시에는 라이저를 당겨서 캐노피의 모양을 바꾸거나 중심을 흔드는 방법으로 강하방향을 바꾸는 방식을 사용하였으나 그다지 효과적이지는 못 했다. 전후, 낙하산 뒷면에 방향 조절을 위한 L자 구멍(턴 윈도)와 턴 슬롯이 개발되어 이를 조절하여 낙하산 내의 공기를 바깥으로 빠져나가게 하는 방식으로 낙하산의 안정성과 조종성을 높힐 수 있게 되었다.

리딩 에지(전연)

에어 인테이크(전연의 개구부를 통해 공기가 낙하산 내부에 채워져 형태를 유지시킨다)

낙하산줄 A라인, B라인

상부 조정줄

낙하산줄 C라인, D라인

토글

스테빌라이저(안정판)

슬라이더(바람막이와 라이저 고정 효과)

라이저

프리 폴 강하에는 장방형 낙하산이 사용된다. 활공강하 시의 성능이 좋으며 강하속도가 초속 약 8m 정도로 느린 편이어서 착륙 시의 충격도 원형 낙하산에 비해서 작은 편이다.
캐노피는 2중으로 구성되어 있으며 개산 시 전연 개구부에서 공기가 유입되어 내부를 채워서 부풀어오른 캐노피가 직사각형을 형성하게 되는데, 이때 캐노피의 단면이 비행기 날개 단면과 같은 구조가 되어 날개처럼 주변의 공기흐름에 의해 캐노피 자체가 양력을 띄게 된다. 조정 방식은 캐노피 주변의 공기의 흐름을 이용하는 것이다. 예를 들어 오른쪽으로 선회하고 싶다면 오른쪽 토글을 당겨서 캐노피 오른쪽 뒷부분이 아래로 내려오게 한다. 이를 통해 캐노피 좌우측의 공기저항에 편차를 발생하게 되고, 오른쪽으로 선회하는 힘으로 작용하게 된다.

● 직사각형 낙하산

07. 낙하산(2)

하늘 위에서 기습하는 공수부대의 장비

제2차 세계대전을 전후하여 본격적으로 발전한 공중강하(에어본) 작전이 가지는 가장 큰 매력은 기습 효과이다. 보병 중 자원자를 선발하여 강도 높은 훈련을 거쳐 공수부대원으로 양성한 후 수송기로 적의 전선 후방에 낙하산 또는 글라이더로 강하시켜 적은 병력으로 적을 기습하는 것이 공수부대 작전의 기본 이념이다.

일정 규모의 공수부대원을 단시간 내에 목표 지점에 강하시킬 수 있는 것이 스태틱 라인 강하(자동산개 강하)이다. 낙하산 가방에 연결된 스태틱 라인을 수송기 내부의 와이어에 고정하여 낙하산 착용자가 기체에서 뛰어내릴 때 무게의 힘으로 스태틱 라인이 펼쳐지며 낙하산이 개산되는 방식으로, 강하 개시 직후 낙하산이 자동으로 펼쳐지기 때문에 안전성이 높으며 저고도에서도 대응할 수 있는 것이 장점이다.

제2차 세계대전 중 강하작전에 참가하기 위해 T-5낙하산과 개인장비를 몸에 걸치고 수송기에 오르는 미 육군 공수부대원들.

일러스트는 제2차 세계대전 당시 미군이 사용한 스태틱 라인 강하용 T-5 낙하산이다. 낙하산과 커넥터를 연결한 후 하네스로 착용한다. 하네스는 착용자의 신체를 보호하는 역할도 하여 낙하 시의 충격이 신체의 한 부분에 집중되어 골절 등의 부상이 일어나는 것을 막아준다. 어깨, 허리, 사타구니를 가로지르는 벨트로 몸을 고정한다. 라이저는 하네스와 낙하산을 접속하는 부분으로 라이저를 당겨서 낙하산을 변형시켜 강하 중 방향을 조절할 수 있다.

스태틱 라인 강하에 사용되는 낙하산의 기본 형태는 대전 당시 사용된 이 T-5에서 현재까지 큰 변화없이 이어지고 있다.

❶스태틱 라인 연결용 와이어 ❷라이저 ❸스태틱 라인 ❹T-5 낙하산 전개낭 ❺D링 ❻가방 가슴 고정끈 ❼다리 고정끈 ❽다리 고정끈 해제기구 ❾예비 낙하산 가방 ❿허리 고정끈 해제기구 ⓫하네스 ⓬캐노피 전개기구 ⓭스태틱 라인 후크

● 제2차 세계대전 당시 미군 공수부대원의 장비(완전무장)

▼제2차 세계대전 당시
　미 육군 공수부대원

메인 캐노피(주산)

낙하산줄

낙하산줄 연결부

라이저

캐노피 전개기구

▲T-51 낙하산

▲T-51 낙하산 전개낭

❶구급낭 ❷라이저 ❸B-4 구명조끼(Mae West Life Preserver) ❹M1 헬멧 ❺턱받침(공수부대 전용) ❻가슴 고정끈 ❼보조 낙하산 가방❽잡낭❾수통 ❿하네스(다리 고정끈) ⓫M1A1 톰슨 기관단총 ⓬M1911 권총 ⓭M1942 공수부대원 전투복 ⓮강하용 부츠 ⓯보조낙하산 ⓰전개낭 가슴 고정끈 ⓱다리 고정끈 ⓲엉덩이 안장 ⓳전개낭 ⓴스태틱 라인 후크 ㉑스태틱 라인 ㉒라이저

*스태틱 라인Static Line=낙하산을 전개할 때 사용하는 끈

08. 낙하산(3)

공수부대에는 장비의 제약이 있다?!

공수부대는 일반적으로 스태틱 라인강하를 통해 부대를 전개한다. 이 강하방법의 가장 큰 장점은 병력, 장비, 물자를 목표지점에 신속히 투입할 수 있다는 것이다. 하지만 공수부대원은 낙하산 등 강하용 장비를 몸에 걸쳐야 하기 때문에 휴대할 수 있는 무기와 장비는 제한되어 있다.

이 때문에 공수부대는 기본적으로 적 후방에 신속히 투입되어 아군 지상부대가 도착할 때까지 일정지점을 확보하는 임무를 수행하며 장시간 전투를 진행하는 것은 고려하지 않고 있다.

수송기 내에 고정된 와이어에 스태틱 라인 후크를 연결한 후 강하준비 중인 모습. 스태틱 라인 강하를 위해서는 수송기의 비행속도를 시속 180~220km 정도로 유지해야 하며 일반적인 강하고도는 지상 500m 이하로, 강하 중 적의 공격을 받지 않게 하기 위해 낙하산은 안전히 착지할 수 있는 한계속도로 강하한다. 현대의 미군은 오랜 기간 동안 스태틱 라인 강하용 낙하산으로 T-10을 사용해 왔다.

●현용 스태틱 라인 강하용 장비(T-10 시리즈)

❶낙하산 해제기구 ❷보조낙하산 전개 끈(Ripcord) 손잡이 ❸접이식 가방 ❹보조낙하산 ❺가슴 고정끈 ❻하네스 ❼스태틱 라인 후크 ❽보조낙하산 ❾낙하산 허리 고정밴드(낙하산을 몸에 고정하는 밴드) ❿낙하산(전개낭에 수납되며 전개낭 덮개로 덮힌 상태) ⓫전개낭 개방 끈 ⓬다리 고정끈 ⓭전개낭 덮개 ⓮스태틱 라인

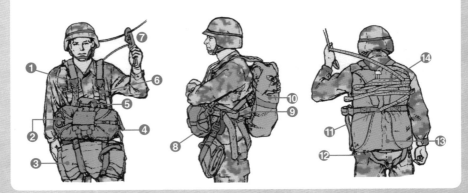

● 미 육군 공수부대원의 장비 (현용 공수부대원)

공수부대원의 기본적인 임무는 낙하산 강하 후의 전투이다. 이를 위해 공수부대원은 강하에 사용되는 낙하산 장비에 강하 후에 사용할 장비까지 휴대해야 한다. 개인장비 구성은 개인화기, 탄약, 수통, 배낭, 구급약품 등으로 일반보병과 크게 다르지 않다. 강하 후 1~2일 가량의 전투에 필요한 장비와 낙하산 장비를 합하면 약 30~40kg 정도가 되기 때문에 혼자서는 수송기에 탑승하는 것조차 어려울 정도이다.

하지만 강하 후 낙하산을 벗은 뒤에는 일반보병보다 가벼운 무장과 장비를 걸친 상태가 되기에 보급을 받지 않는 한, 장기 작전은 어렵다. 현대에는 공수부대도 대전차 미사일이나 박격포 등을 휴대하기 때문에 과거에 비해서는 화력 면에서 발전했다고 할 수 있다.

❶총기 주머니 ❷배낭 ❸스태틱 라인 ❹주 낙하산(T-10) ❺낙하산 허리 고정밴드 ❻배낭 고정 끈 ❼배낭 ❽보조 낙하산 (MIRPS/T-10) ❾낙하산 해제기구와 하네스

09. 낙하산(4)

신형 낙하산의 T-11의 특징

미군은 1950년대에 강하용 낙하산 T-10을 채용한 후 조작성을 향상시키기 위한 슬릿을 낙하산에 추가하는 등의 개량을 더하면서 오랜 세월에 걸쳐 사용해 왔다.

하지만 그런 T-10 낙하산도 2000년대에 들어서면서 급속도로 변화한 보병의 개인장비에 대응하기에는 부족했기 때문에 신형 낙하산의 개발이 진행되었는데, 그 결과물이 ATPS(선진전술 낙하산 시스템)이라 불리우는 것으로 T-11이라는 제식 명칭 아래, 2007년부터 시험배치가 진행되었다.

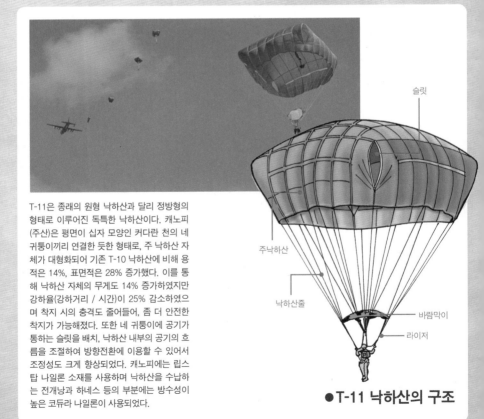

T-11은 종래의 원형 낙하산과 달리 정방형의 형태로 이루어진 독특한 낙하산이다. 캐노피(주산)은 평면이 십자 모양인 커다란 천의 네 귀퉁이끼리 연결한 듯한 형태로, 주 낙하산 자체가 대형화되어 기존 T-10 낙하산에 비해 용적은 14%, 표면적은 28% 증가했다. 이를 통해 낙하산 자체의 무게도 14% 증가하였지만 강하율(강하거리 / 시간)이 25% 감소하였으며 착지 시의 충격도 줄어들어, 좀 더 안전한 착지가 가능해졌다. 또한 네 귀퉁이에 공기가 통하는 슬릿을 배치, 낙하산 내부의 공기의 흐름을 조절하여 방향전환에 이용할 수 있어서 조정성도 크게 향상되었다. 캐노피에는 립스탑 나일론 소재를 사용하며 낙하산을 수납하는 전개낭과 하네스 등의 부분에는 방수성이 높은 코듀라 나일론이 사용되었다.

슬릿

주낙하산

낙하산줄

바람막이

라이저

● T-11 낙하산의 구조

*ATPS=Advanced Tactical Parachute System의 약어.

제1장 소화기

제2장 전투장비

제3장 생존장비

제4장 특수장비

제5장 미래의 보병장비

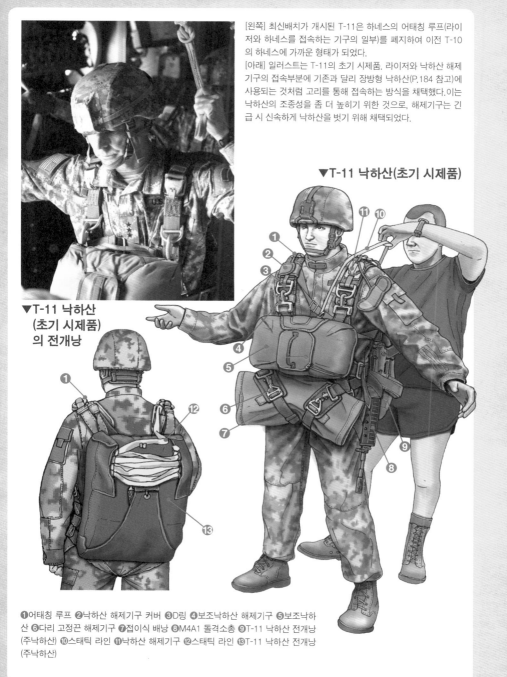

[왼쪽] 최신배치가 개시된 T-11은 하네스의 어태칭 루프(라이저와 하네스를 접속하는 기구의 일부)를 폐지하여 이전 T-10의 하네스에 가까운 형태가 되었다.

[아래] 일러스트는 T-11의 초기 시제품. 라이저와 낙하산 해제기구의 접속부분에 기존과 달리 장방형 낙하산(P.184 참고)에 사용되는 것처럼 고리를 통해 접속하는 방식을 채택했다.이는 낙하산의 조종성을 좀 더 높이기 위한 것으로, 해제기구는 긴급 시 신속하게 낙하산을 벗기 위해 채택되었다.

▼T-11 낙하산(초기 시제품)

▼T-11 낙하산
(초기 시제품)
의 전개낭

①어태칭 루프 ②낙하산 해제기구 커버 ③D링 ④보조낙하산 해제기구 ⑤보조낙하산 ⑥다리 고정끈 해제기구 ⑦접이식 배낭 ⑧M4A1 돌격소총 ⑨T-11 낙하산 전개낭 (주낙하산) ⑩스태틱 라인 ⑪낙하산 해제기구 ⑫스태틱 라인 ⑬T-11 낙하산 전개낭 (주낙하산)

10. 낙하산(5)

특수 작전은 프리 폴 강하

제1장 소화기

제2장 전투장비

제3장 생존장비

제4장 특수장비

제5장 미래의 보병장비

규모나 특성 상 어느 정도는 노출될 수 밖에 없는 정규군의 공중강하작전과 달리 특수부대의 공중강하는 적에게 발각되지 않는 것이 가장 중요한 요소이다. 때문에 고고도에서의 프리 폴 강하 방식을 사용하는데 이 방식은 특수부대 만이 구사할 수 있는 고도의 기술을 요한다. 특수부대원

이 적지에 은밀하게 침투하기 위해 장방형 낙하산을 사용한 프리 폴 방식으로 강하할 때에는 경우에 따라 HAHO(고고도 강하 고고도 개산)나 HALO(고고도 강하 저고도 개산)라 불리는 특수 강하기술을 사용한다.

[왼쪽] 자유낙하 시 강하속도는, 예를 들어 고도 1만m 이상에서 강하할 경우 최대 시속 360km에 육박하게 되지만 하강하면서 시속 200km 정도로 일정하게 감소(공기저항에 의해 비행기의 속도로부터 받은 가속도가 감소하여, 공기저항과 강하자의 체중이 동일해지기 때문)하게 된다. 또한 비행속도가 빠른 항공기에서 강하할 경우, 자유낙하로 가속도를 감소시킨 다음 개산하는 쪽이 강하자의 신체에 전해지는 충격을 줄이는데 도움이 된다.

[오른쪽] 프리 폴 강하에서는 비행기에서 강하 후 자유낙하를 통해 지정고도에 도달한 다음 개산을 진행한다. 개산은 강하자가 직접 하네스에 연결된 낙하산 전개 끈(립코드)를 당기거나 자동개산장치를 사용한다. 자동개산장치는 강하 중의 기압 변화를 감지하여 설정된 고도에서 자동으로 낙하산을 펼쳐지게 하는 장치이다.

*HAHO=High Altitude High Opening 의 약어. '헤이호'라고 읽는다. *HALO=High Altitude Low Opening 의 약어. '헤일로'라고 읽는다.

● 프리 폴 강하용 낙하산 장비

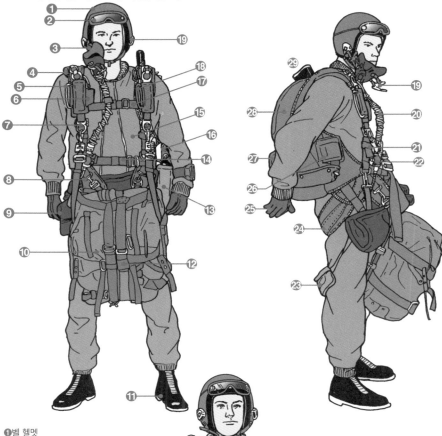

1 벨 헬멧
2 K루프 고글
3 산소 마스크(MBU-12/P)
4 3링 낙하산 해제기구
5 주낙하산 전개 손잡이
6 낙하산 탈출용 절단 손잡이
7 대용량 연결 고리
8 다리 고정끈
9 접이식 가방
10 배낭
11 강하용 부츠
12 H하네스와 연결 끈
13 산소 봄베
14 허리 밴드
15 강하용 부츠

16 산소 조절 밸브
17 가슴 고정끈
18 보조낙하산 전개 손잡이
19 산소 마스크 고정대
20 산소 마스크 호스
21 하네스
22 산소 마스크 접속 커넥터
23 배낭 연결선
24 엉덩이 안장
25 장갑
26 자동개산장치 수납부
27 주 낙하산 수납부
28 보조 낙하산 수납부
29 개인화기

11. 장갑 강화형 험비

고기동 차륜형 차량의 증가 장갑 키트

이라크와 아프가니스탄 등지에 파견된 미군 장병들의 발이 되었던 것이 HMMWV(험비)라 불리우는 고기동 다목적 차량이다. 견고한 차체에 험지에서도 움직일 수 있는 주행성능을 지닌 험비는 장병들의 든든한 아군이었다. 그러한 험비에 IED(급조폭발물) 공격 등에 대응할 수 있는 방어력을 추가할 수 있는 추가장갑 키트가 개발되었다. 이러한 키트를 장착한 장갑 험비는 M1114나 M1151이라는 제식명을 부여받고 널리 사용되었다.

[왼쪽] 매복 기습을 받아 파괴된 험비. 성형작약탄의 일종인 EFP(자가단조탄) 등을 사용하면 강력한 관통력으로 장갑차량이라도 간단히 격파할 수 있다.
[아래] 미 육군의 M1151 장갑강화형 험비. 차체 상부에 설치된 장갑 총좌는 피카티니 아스날 사가 제작한 O-GPK라 불리우는 키트의 한 종류로, 7.62mm 총탄과 IED의 폭풍 및 파편으로부터 사수를 보호할 수 있다.

*험비=High-Mobility Multipurpose Wheeled Vehicle의 약어에서 만들어진 명칭. 민수형은 험머라는 명칭으로 판매된다.
*EFP=Explosively Formed Penetrator의 약어. 폭발성형관통탄.
*O-GPK=Objective Gunner Protection Kit의 약어.

●장갑이 강화된 험비

소총탄이나 포탄 파편, 지뢰 폭발 등의 외부충격으로부터 탑승원을 보호하기 위해 M998 험비에 키트 형태의 장갑을 추가하고 터보차저를 탑재, 엔진을 강화한 것이 M1114이다. 차체도 전장 4.8m, 전폭 2.3m로 대형화되어 무게도 약 4400kg으로 증가되었다. 2000년대에 들어서면서 다양한 추가장비형 장갑 강화 키트 O-GPK가 개발되어 왔다. 이것은 M1114나 그 발전형인 M1151에 장비되어 UAH(강화장갑형 험비)라 불리게 된다.

방풍창 키트(화이트 글라스)

후방석

지휘관석

차체 후부
방탄판 키트

4파운드 지뢰 폭풍
방어 키트

도어 키트

후방석

12파운드
지뢰 폭풍 방어 키트

운전석
(각 시트는 충격흡수형)

▲**M1114 장갑강화형 험비**

▼**M1115 장갑강화형 험비**

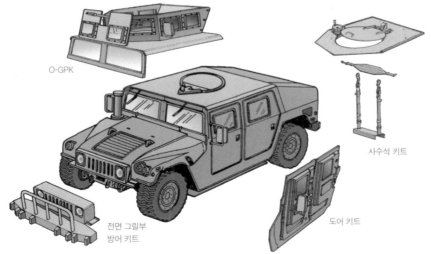

O-GPK

사수석 키트

전면 그릴부
방어 키트

도어 키트

*UAH=Up-Armored Hmmwv의 약어.

12. MRAP 차량(1)

폭탄 공격을 견뎌내는 전투 차량이란?

테러의 공격수단으로 가장 많이 이용되는 것은 역시 폭탄이다. 이라크와 아프가니스탄에서는 IED(급조폭발물)에 의해 많은 사상자가 발생했다. 이런 가운데 주목받은 것이 바로 MRVs(지뢰대응차량) 또는 MRAP(대지뢰/매복 대응 차량)이라 불리는 차량으로, 아예 처음부터 지뢰나 급조폭발물에 대응하기 위해 개발된 것도 있지만 대부분은 기존의 민간 트럭을 기반으로 개발된 것이다.

[오른쪽] MRAP 중에서 가장 대형인 버팔로 H 시리즈(MPCV라고도 불리운다)는 지뢰 등의 폭발물 처리에 사용되는 차량으로 카테고리 III으로 분류된다.
차량 내부에서 머니퓰레이터를 조작하여 안전하게 폭발물 처리작업을 할 수 있다.
[아래] 카테고리 II의 쿠거 MRAP을 사용한 내폭실험. 차체 아래에서 폭발 에너지를 좌우로 분산시키는 것을 알 수 있다.

*MRVs=Mine Resistant Vehicle의 약어.
*MRAP=Mine Resistant Ambush Protected의 약어. 「엠랩」이라고 읽는데, 이는 미군 독자의 명칭이며 카테고리 Ⅰ~Ⅲ으로 타입을 나누어 분류, 운용한다. *MPCV=Mine Protected Route Clearance Vehicle (지뢰방어처리차량)의 약어

제1장 소화기

제2장 전투장비

제3장 생존장비

제4장 특수장비

제5장 미래의 보병장비

정찰, 지휘 임무에 사용되는 맥스프로사의 DASH MRAP. 카테고리 I 에 해당한다 9.3리터 Maxx Force D8 엔진을 탑재한 4륜구동차량.

차량이동 시의 경호, 병력수송, 긴급수송 등에 사용되는 쿠거 H 시리즈 MRAP. 카테고리 II 에 해당하며 러시아제 폭풍/파편형 지뢰가 폭발하더라도 승무원을 방어할 수 있다.

[아래] 내비스타 MRAP 회수차. 고장났거나 공격으로 작동불능 상태가 된 MRAP 차량을 회수하는 목적으로 개발된 차량.

13. MRAP 차량(2)

지뢰 폭발을 견뎌내는 차체 구조

　MRVs(지뢰대응차량)은 지뢰나 사제폭탄이 차체 아래쪽에서 폭발할 경우의 승무원 피해를 최소화하는데 중점을 둔 장갑차량이다. MRVs는 대형에서 소형까지 다양한 타입이 있으며 능력도 각각 다르지만 공통된 점은 기습공격을 받더라도 자력으로 현장에서 탈출할 수 있을 정도의 장갑을 갖추고 차체 하부를 강화했으며 펑크가 나더라도 주행이 가능한 런 플랫 타이어를 장비했다는 점이다. 또한 차체 아래쪽에서 IED가 폭발하더라도 폭풍이나 충격을 차체 옆으로 흘려보내

피해를 최소화할 수 있도록 차체 하부가 V자 형태를 하고 있으며 차체가 전복될 경우에도 승무원을 보호할 수 있는 내부구조를 갖추고 있다.

　하지만 차체가 대형화된 덕에 더하여 차체 하부가 V자 모양을 하면서 무게 중심이 높아졌고, 이에 따라 전복될 위험이 크고, 전륜구동 차량임에도 험지 주행성능이 낮은 데다 차체 장갑도 7.62mm 소총탄을 막아내는 정도에 그치는 등의 단점을 안고 있다.

●MRVs의 특징

일러스트는 오스트레일리아군의 부시마스터와 같은 중형 MRVs의 특징이 나타나있다.
❶엔진 (장갑으로 보강된 차체 내부에 수납되어 폭발로부터 보호)
❷조향, 운전장치
❸운전석(자체 방탄기능)
❹조수석(운전석과 마찬가지의 방탄기능)
❺에어컨(NBC 기능)
❻무전기 등의 기재
❼탑승원 좌석(각 좌석은 장갑판으로 방어되며 차량이 전복되어도 승무원을 보호하기 위해 4점 벨트를 채용)
❽장비 거치대
❾후부 구동장치 (디퍼런셜 기어, 브레이크, 서스펜션 등으로 구성된 구동장치)
❿트랜스퍼 (트랜스미션으로부터의 동력을 전륜과 후륜에 전달하여 4WD 기능이 작동)
⓫전부 구동장치와 파워 스티어링 기기
⓬차체 하부 장갑(구동장치를 폭발로부터 방어)

*디퍼런셜 기어(Differential Gear), 차동기어라고도한다.

오스트레일리아군에서 사용하는 MRVs 부시마스터.
아프가니스탄에 파견된 많은 오스트레일리아군 장병들을 IED로부터 지켜냈다.

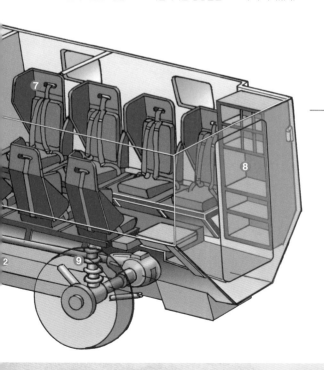

《일반적인 차체 하부》
폭발 에너지를 그대로 받아 피해가
커진다.

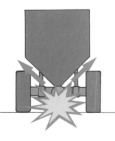

《V자형 차체 하부》
폭발 에너지를 차체 좌우로 분산시켜
피해를 줄인다.

14. MRAP 차량(3)

전 지형 대응 차량에 요구되는 것

IED(급조폭발물)에 대응하기 위해 장갑을 강화한 험비라 해도 차체 아래에서의 폭발 공격에 는 대응할 수 없다.

또한 이라크에서 사용하기 위해 개발된

●M-ATV의 특징

❶차량에 통신 네트워크를 구성하여 효율적인 작전행동을 진행할 수 있도록 다양한 무전설비를 탑재하고 있으며 차체 외부에도 여러 개의 안테나가 설치되어 있다. ⓐ근거리용 디지털 통신용 UHF 안테나 ⓑ공군 저공항공지원부대 항공기와의 교신을 위한 HF 안테나 ⓒ차량탑재용 휴대형 멀티밴드 무전기의 위성통신 기능을 위한 X윙 안테나 ⓓ전파방해장치의 워록 안테나. 휴대전화를 이용한 전파작동식 IED가 폭발하지 않도록 방해전파를 내보낸다. ❷전장 약 6.2m, 중량 약 11.3톤 차체에 고출력 엔진(캐터필러 사제 C7 엔진, 배기량 7.2리터, 출력 370마력)을 탑재 ❸기동성을 높혀주는 TAK-4 독립식 서스펜션 ❹선박 하단부와 같은 V자형 차체 하부구조 ❺방어가 강화된 캐빈(승무원 탑승공간) ❻시계가 양호한 강화 기관총좌

M-ATV=MRAP-All Terrain Vehicle의 약어.

MRAP(대지뢰/매복 대응 차량)은 커다란 차체 때문에 경사가 심한 아프가니스탄에서는 운용하기가 어렵다.

이 때문에 험비처럼 다양한 지형에서 운용할 수 있으며 높은 기동성을 갖춘데다가 MRAP과 동급의 성능을 가진 차량의 필요성이 크게 요구되었다.

미국방성의 M-ATV(전지형 대응 차량) 프로그램에서 선정된 것은 오시코시 사의 차량이었다.

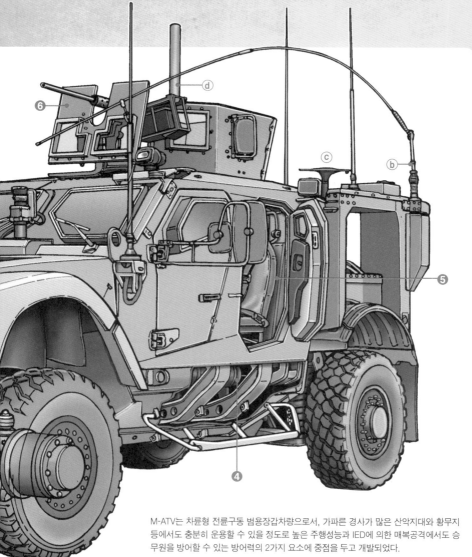

M-ATV는 차륜형 전륜구동 범용장갑차량으로서, 가파른 경사가 많은 산악지대와 황무지 등에서도 충분히 운용할 수 있을 정도로 높은 주행성능과 IED에 의한 매복공격에서도 승무원을 방어할 수 있는 방어력의 2가지 요소에 중점을 두고 개발되었다.

*차륜형=타이어로 주행하는 것. 궤도(무한궤도)로 주행하는 차량은 궤도식 차량(Tracked Vehicle)이라고도 부른다.

15. 기계화보병부대

전차와 함께 싸우는 보병전투차

　　제2차 세계대전 당시 보병을 전차와 함께 행동할 수 있는 차량에 탑승시켜 전차부대와 함께 공동작전을 진행할 수 있도록 한 것이 기계화보병부대의 시작이었다. 전차는 공격력이 강하지만 사각이 많아 적의 보병이 큰 위협으로, 특히 삼림지대나 시가지와 같이 주변을 살피기 어렵고 기동이 제한되는 지역에서의 단독행동은 매우 위험하다. 이런 상황에서는 보병이 전차의 눈이 되어 주변을 감시하고 전차는 보병의 방패가 되어 서로를 지켜주며 전진해야 한다. 전차의 천적인 대전차미사일 등의 대전차무기로 무장한 적의 화력

점에 대해서는 전차의 강력한 화력지원을 받는 보병이 돌격하여 적을 제압해야 한다. 현대의 기계화보병부대, 특히 미군의 경우는 단순히 전차와 행동을 함께 할 뿐 아니라 기계화보병 자체가 강력한 기동력과 전투력을 가진다. 여기서 중요시되는 것이 전차와 함께 행동할 수 있는 기동성과 경장갑차량 정도는 간단하게 격파할 수 있는 전투능력을 가진 IFV(보병전투차)이다. 물론 육군의 기본이 되는 병과는 여전히 보병이며 미 육군의 기계화부대에서도 하차전투를 담당하는 보병을 중시하고 있다.

보병전투차는 승차한 보병을 방어하기 위한 장갑을 갖춘 APC(병력수송장갑차)에 강력한 무장을 탑재하고 보병이 승차한 상태에서도 전투를 진행할 수 있는 능력을 갖춘 전투차량이다. 미 육군의 M2 브래들리 IFV는 시속 66km의 도로주행능력, 483km의 작전거리, 등판력 60%의 기동성을 갖춰 M1전차와 행동을 함께 할 수 있는 충분한 능력을 갖추고 있다.

*IFV=Infantry Fighting Vehicle의 약어.　*APC=Armored Personnel Carrier의 약어.

●미 육군 기계화보병 (1980년대 이후)

❶TOW 대전차 미사일
❷통신기
❸차장
❹연막탄 발사기
❺7.62mm M240 기관총
❻25mm 체인건 M242
❼커민즈 VTA903T 터보 디젤 엔진
❽파도막이판
❾조종수용 기기
❿조종수
⓫승무원용 잠망경
⓬승차보병(승차한 상태로
　전투 가능)
⓭포수

▶M2 브래들리
　보병전투차
　(초기형)

차장 (분대장 겸임) M16　　　　조종수　　포수 (M16)
　　　　　　　　　　　　　　　　(M16)
〈승차반〉

〈하차반〉

분대장　　　무전병　　분대지원화기 사수　　유탄사수　　기관총수　　대전차화기 사수
(M16)　　　(M16)　　　(M249)　　　(M203)　　　(M60)　　(드래곤 + M16)

1980년대 이후 미 육군에서는 기계화보병소대는 지휘반(소대장 소위, 선임하사관, 무전병, 사수, 조종수로 구성)과 소총수 3개 분대로 편성되었으며, 그 중 1개 분대가 M2 브래들리 1대에 탑승하여 전투를 진행했다.

전차와 함께 이동하며 전투를 하는 것이 기계화보병의 임무이기는 하지만, 항상 전차부대와 함께 행동하는 것은 아니다. 일반적으로는 M2에 탄 단일 병과의 기갑보병으로 전투를 진행한다. M2에는 9명 1개 분대가 탑승할 수 있으며 승차반 3명(또는 2명)과 하차반 6명(또는 7명)으로 구성되었다. 분대장은 부대를 지휘하며 상황에 따라 중요도를 판단하여 승차반이나 하차반을 선택하여 행동했다(일러스트에서는 분대장이 승차반에 포함되어 있지만 자신의 판단 또는 소대장의 명령에 따라 하차하는 경우도 있다. 이럴 경우 차장에게 하차반의 지휘를 맡긴다.) 하차반이 하차할 때는 M2의 행동을 제한하는 지형이나 위협적인 대전차화기가 존재할 경우, 목표의 제압과 적의 소탕, 앞서 하차한 병력을 지원할 경우, M2의 진행 경로와 다른 경로로 이동해야 하는 경우, 장해물이나 위험지역을 개척해야 하는 상황 등이 있다. 모두 분대장 자신의 판단이나 소대장의 명령에 따라 실시한다.

*드래곤=M47 대전차 미사일.

16. 스트라이커 장갑차(1)

여단 전투단의 중핵을 맡은 차량

스트라이커는 제너럴 다이나믹스 랜드 시스템 사의 미국과 캐나다 부문이 공동개발한 차륜형 장갑차량으로서 미국의 미디엄 여단 개념의 핵심을 이루는 차량이다. C-130 수송기로 공수가 가능하며 시가전 등 기계화차량의 기동이 어려운 지역에서도 높은 기동력을 발휘할 수 있는 구동

구조를 가지고 있다. 여기에 미 육군의 포스 21 개념에 따른 지휘/통제 시스템을 갖추고 있다. 스트라이커에는 CV(지휘차), ICV(보병수송차), MGS(기동포 시스템), RV(정찰차) 등 용도에 따라 10여 종류 의 차량이 있다.

❶앨리슨 MD3066 트랜스미션
❷캐터필러제 3126 디젤 엔진(출력:350마력)
❸델피제 에어컨 장비(ICV, NBC 차량 사양)
❹차량용 FBCB2 전투지휘 시스템
❺하차보병 지원용 화기(12.7mm M2 중기관총 또는
40mm Mk19 자동유탄발사기)
❻차장석
❼승차보병용 좌석

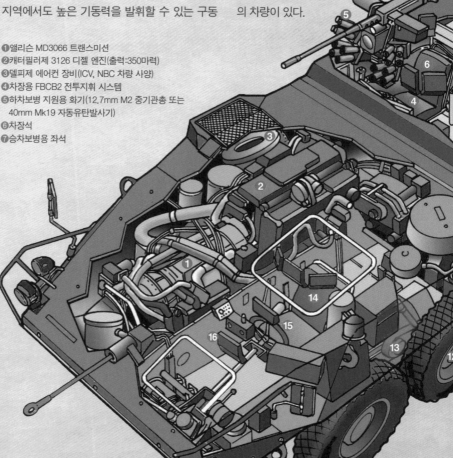

⑧후방 램프
⑨SB제 듀얼 스팩트럼 소화 시스템
⑩모니터(차내의 장병에게 주변 환경,
　피아의 위치, 전황 등의 정보를 표시)
⑪ 미쉐린제 타이어 1200 R20XML
⑫타이어 공기압 조절 시스템
　(CTIS :L Central Tire Inflation System)
⑬8륜 독립 유압 서스펜션
⑭조종수석
⑮조향, 조종장치
⑯레이시온제 조종수 관측장치

[위] 스트라이커 ICV. 스트라이커는 14.5mm 중기관총(철갑탄) 정도를 방어할 수 있는 정도의 전면장갑을 갖추고 있으며 20mm급 중기관포나 대전차무기 등의 화기로 무장한 적과의 교전은 상정하지 않고 있다.

[아래] 차체를 둘러친 듯이 설치된 슬랫 아머. 로켓탄의 성형작약탄두를 철망 형태의 장갑에서 폭발하게 하여 차체 장갑판을 탄두의 메탈 제트로부터 보호한다.

*미디엄 여단 개념=지역분쟁이나 테러에 대응하여 신속히 전력을 전개하는 신속전개부대의 개념으로 이를 통해 스트라이커 여단 전투단이 창설되었다.
*포스 21 개념=모든 정보를 분대 레벨 또는 병사 개인 레벨에서 공유하여 자유로운 정보 전달을 추구하는 개념.

17. 스트라이커 장갑차(2)

제1장 소화기

제2장 전투장비

제3장 생존장비

제4장 특수장비

제5장 미래의 보병장비

스트라이커 패밀리

이라크나 아프가니스탄에서 전개되는 전투는 "중심이 없는 전쟁"이라고도 불리운다.

이는 고정된 기지나 거점 없이 넓은 지역에 분 산배치되어 신출귀몰하게 행동하는 적과의 싸움을 의미한다. 이러한 싸움에서는 디지털화된 높은 C4ISR능력과 어느 곳이라도 부대를 전개하여

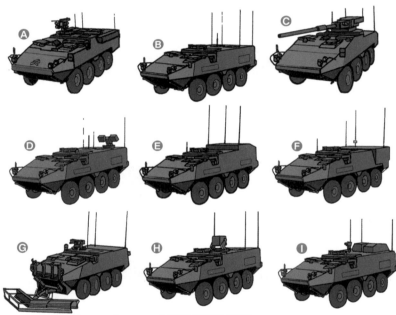

스트라이커 장갑차 패밀리는
Ⓐ보병수송차 (하차보병 9명/중기관총 M2/Mk19 장비) Ⓑ지휘차(디지털 지휘 / 통제 / 통신기기 탑재) Ⓒ기동포 시스템 (105mm 전차포 탑재) Ⓓ 화력지원차 (레이저 목표 관측 / 공격지시장비 탑재) Ⓔ의료후송차 (응급조치/후송설비 탑재) Ⓕ박격포차 (120mm 박격포 탑재, 예비 81mm 박격포) Ⓖ공병분대차 (지뢰처리/설치장비 탑재) Ⓗ대전차 미사일차(TOWⅡB 탑재) Ⓘ NBC 정찰차 (NBC병기 감지 시스템 탑재) Ⓙ감시정찰차 (선진감시 시스템 탑재)등으로 구성되어 있다. 차체의 기본성능은 아래와 같다.
전장 6.88m 전폭 2.68m 전고 2.60m 전투중량 17.2톤 항속거리(정비 없이 주행가능한 거리) 531km

*C4ISR=지휘(Command), 통제(Control), 통신(Communication), 컴퓨터(Computer), 정보(Information)의 C4에 감시(Surveillance), 정찰(Reconnaissance)를 더한 군사용어로 각종 정보를 통합적으로 활용한다는 개념을 뜻한다.

싸울 수 있는 높은 기동력을 갖출 필요가 있는데, 이러한 새로운 형태의 전투를 상정하여 개발된 것이 적당한 화력과 장갑을 그리고 높은 기동성을 갖춘 스트라이커 장갑차이다. 용도별로 10여 종류가 있는 스트라이커 장갑차는 주력전투부대, 기병대대, 지원부대 등으로 구성된 스트라이커 여단전투단의 핵심이다.

스트라이커 이전 세대 장갑차인 브래들리 보병전투차에 탑승하는 병력은 총 9명이지만 하차전투원은 6명으로 적은 인원이었다. 이에 반해 스트라이커 보병수송차(사진)에 탑승하는 병력은 총 11명으로 하차전투를 담당하는 보병은 9명으로 1개 분대 구성원이 더 많은 숫자로 이루어져 있다(경우에 따라 분대를 4인 1조의 사격반 2개로 나눠서 전투에 임할 수 있다). 또한 차량에는 차장과 조종수가 전담 배치되어있으며 분대장은 하차전투반에 속한다.

여기에는 이라크전 등, 대도심지에서의 소탕 작전의 경험에서 하차전투의 중요성과 전투에 투입되는 보병의 절대적인 인원수가 중요하다는 교훈이 배경이 되었다.

●제한적 임무에서 활용되는 기관단총

제2차 세계대전 당시에는 근거리 전투용 개인화기로 활용되었던 기관단총(SMG)였지만 전후에는 명중률 등의 문제로 한물간 무기 취급을 받았다. 하지만 현재 기관단총은 제한적인 임무(특수부대나 경찰의 대테러부대의 특수작전 등)에서 매우 효과적인 무기로 중요시되고 있다. 기관단총은 구조 상 목표에 정확히 명중시키기가 어려우며 총탄이 산개되는 범위도 넓은 편이다. 사용하는 탄도 9mm나 45ACP 등의 권총탄이어서 탄두 자체의 위력도 낮은 편이며 유효 사거리도 100m 정도에 그칠 뿐이다. 하지만 분당 400~700발의 발사속도로 근거리의 적을 제압하는 등의 목적으로는 높은 가치를 지녔다.

건물이나 실내에 돌입할 때, 또는 한정된 거리에서 전개되는 시가전 등에서는 오히려 사거리가 짧으며 탄두의 위력이 낮은 쪽이 유리한 경우도 있다. 그런 이유에서 현재도 군에서는 기관단총 사용을 훈련하고 있다. [위] PM98 기관단총 사격훈련 중인 미군 병사. [아래] 연사 시의 반동을 크게 줄인 크리스사의 벡터 SMG 45ACP.

18. 레이저 조사 장치

강력한 무기를 표적으로 유도하는 장치

보병이 휴대하는 화기로 파괴할 수 없는 목표를 공격해야 한다면 포격이나 폭격 등의 방법을 써야 한다. 이때 필요한 것이 목표의 위치좌표이다. 위치좌표를 측정하기 위해서는 레이저 거리측정기나 GPS가 사용된다. 또한 항공기가 레이저 유도폭탄 등의 스탠드 오프 병기로 적의 중요 시설을 공격할 때에는 특수부대 대원 등이 지상에서 레이저 조사장치를 사용하여 목표를 표시해줄 필요가 있다(최근에는 레이저 조준 포탄도 개발되고 있다).

미군에서는 이 레이저 표적지시기를 GLTD(지상 레이저 표적지시장치)라 불리우며 포격을 위해 목표까지의 거리 측정과 항공기에서 투하하는 레이저 유도폭탄과 미사일의 종말유도에 사용할 수 있다. 여기에 레이저 거리측정기와 레이저 표적지시기의 기능을 통합하여 적외선영상장비의 기능을 더한 장비가 LLDR이다.

●LLDR을 사용한 레이저 유도폭탄 공격

레이저 유도폭탄의 투하는 다음과 같은 순서로 진행된다. 특수부대 대원이 공격 목표❶의 좌표정보를 레이저 거리측정기❷와 GPS❸를 이용하여 측정한 후, 그 데이터를 위성통신❹으로 사령부에 보고한다.
사령부는 목표를 공격하기 위해 공격기❺를 발진시킨다.
공격기는 적의 대공병기❻의 사거리 밖에서 레이저 유도폭탄을 투하❼한다.
이때 지상의 특수부대는 레이저 표적지시기로 목표에 레이저를 조사한다❽.
목표에 반사된 레이저파는 레이저 콘❾이라 불리우는 뒤집어진 고깔 모양의 반사파를 구성하게 되며 공격기는 그 반사파의 영역에 맞춰 폭탄을 투하❿한다.
폭탄의 유도에는 Nd:YAG 레이저가 사용되며 조사하는 각각의 레이저 빛에는 고유의 코드가 심어져 있어서 적이 조사하는 다른 레이저에 교란당하는 등의 일은 일어나지 않는다.

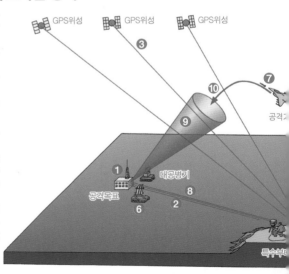

GPS위성　GPS위성　GPS위성

공격기

태공병기

공격목표

특수부

*GPS =Global Positioning System의 약어.　*스탠드 오프 병기=상대의 공격범위 외에서 공격할 수 있는 장거리 병기.
*GLTD=Ground Laser Target Designator의 약어.

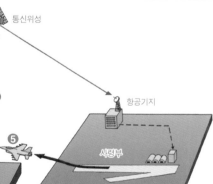

통신위성

항공기지

⑤

사령부

레이저 유도폭탄은 폭탄 앞에 부착된 시커가 레이저파를 감지하면 내장 컴퓨터가 이를 분석하여 포탄의 꼬리 핀을 움직여서 궤도를 변경하여 레이저파의 반사원인 목표에 명중시킨다.

포탄을 투하한 폭격기는 적의 방공망을 피해서 가능한 원거리에서 폭탄을 팝업투사(투사 직전에 상승하여 폭탄을 상공에 떨구듯이 투하하는 방법)으로 위치를 이탈한다. 물론 수평투사도 가능하다.

[위] LLDR은 레이저 거리측정기와 적외선영상장치, 야간TV가 내장된 목표위치 측정장치 부분과 레이저 표적지시기 부분으로 구성되어 있다.

사진과 같이 삼각대에 고정하여 직접 사용할 수도 있으며 GPS수신기나 PC를 접속하여 조작할 수도 있다. 중량은 약 16kg. [아래] 노스롭 그루먼 사가 개발한 GLTD III 레이저 조사장치. 중량은 5.2kg 정도로 조사거리는 200m~약 20km이다.

*LDDR=Lightweight Laser Designator Rangefinder의 약어.
*Nd: YAG레이저=네오디뮴 야그 레이저. 공업, 의료용 등 폭넓은 분야에서 활용되는 레이저.

CHAPTER 5

Future Infantry Equipments

미래의 보병장비

개발이 진행중인 군용 로봇이나
미래보병전투 시스템에서 광학위장까지.
제5장에서는 근미래의 보병장비에 대해 알아보도록 하자.

01. 군용 로봇(1)

실전 투입되고 있는 로봇 병기

제1장 소화기

제2장 전투장비

제3장 생존장비

제4장 특수장비

제5장 미래의 보병장비

현재 미 육군을 비롯하여 각국 군대에서는 로봇병기를 적극적으로 개발, 투입하고 있으며 그 중에는 실제로 로봇을 전투에 투입하여 효과를 거두고 있는 경우도 있다. 인간을 한 사람의 병사로 육성하기 위해서는 많은 시간이 걸리며 부상당할 경우의 후속조치까지 포함한 필요경비는 상당한 것이다. 로봇의 사용빈도가 높아지는 것은 인간 병사보다 군용 로봇을 투입, 운용하는 쪽이 비용적인 측면에서 훨씬 효과적이라는 이유도 있다. 현재까지 실전에 투입된 로봇들은 대부분 한 가지 임무에 특화된 로봇으로, 무선 또는 유선으로 조종자가 원격조작하는 방식으로 운용된다. 하지만 인공지능을 통해 자율 행동할 수 있는 인간형 로봇 병사의 등장은 아직 좀 더 기다려야 할 듯 하다.

미군이 정찰용 로봇으로 채용한 리콘 스카우트. 중량이 540g 밖에 나가지 않으며, 사진에서처럼 집어던져도 파손되지 않는 튼튼한 구조이다. 흑백 카메라와 적외선 센서를 내장하여 원격조작으로 움직이고 야외에서 약 100m, 실내에서 약 30m의 감시능력을 가지고 있으며 영상은 녹화가 가능하다.

전투에서 부상당한 병사의 회수 등 다양한 임무에서 사용할 수 있는 베그너 로보틱스사의 베어. 좌우 2개, 총 4개의 크롤러를 사용하여 자세를 변경할 수 있다.

[왼쪽] 로봇의 기동방식에는 여러 가지가 있지만 험지에서 가장 주행성이 높은 것은 다족보행 방식이며, 많은 연구기관과 기업에서 개발이 진행되고 있다. 사진은 DARPA와 보스턴 다이나믹사가 개발 중인 빅독(Big Dog)이다. 살아있는 동물처럼 움직이는 영상이 공개되어 화제가 되기도 했다.

[아래] 록히드 마틴사의 SMSS(분대 임무 지원 시스템). 무인 로봇 수송차량으로 전장에서 병사가 휴대해야 하는 장비품을 싣고 나른다. 원격조작 프로그램을 기반으로 자율주행이 가능하며 특정 인물을 센서로 기록하여 뒤를 따라갈 수도 있다. 약 0.5톤을 적재 가능하며 이동거리는 약 200km이다.

*크롤러(Crawler)=무한궤도(흔히 사용되는 캐터필러는 상표명이므로 이와 같은 명칭을 사용한다)
*DARPA=Defense Advanced Research Projects Agency의 약어. 국방고등연구기획청(미 국방부 산하 연구기관)

02. 군용 로봇(2)

보병 부대에서 사용되는 UAV

UAV는 무인비행체로 번역되지만 그 실체는 하늘을 나는 로봇 병기이다.

보병부대에서 사용하는 UAV는 성능이 좋은 RC비행기에 정찰장비를 탑재한 간단한 것으로 생산과 운용에 소모되는 비용이 매우 저렴하다. 하지만 가격에 비해 효과가 우수하며 UAV를 사용하면 정찰과 정보수집 등의 활동에서 위험부담

이 크게 줄어들기 때문에 병사에게는 매우 도움이 되는 병기이다.

미군의 보병부대가 정찰과 감시 등에 사용하는 RQ-11 레이븐은 RC모형비행기 수준의 크기이지만 우수한 성능을 지녔다. CCD카메라와 각종 센서, GPS, 통신장치, 배터리, 추진장치 등을 탑재하고 있다. 오퍼레이터의 원격조종이 기본.

*UAV=Unmanned Aerial Vehicle의 약어. 무인항공기, 무인기라고 번역된다.

미군의 미래형 전투 시스템의 무인기 후보로 올라온 클래스 1 MAV(하니웰 MAV). 덕티드 팬Ducted Fan으로 비행하며 정찰 활동 등을 할 수 있는 소형 UAV로 덕트 지름 30cm, 중량 약 7.25kg, 최대 152m까지 상승 가능하다. 아프가니스탄에서 30기 가량이 시험적으로 운용되었다고 한다.

*MAV=Micro Aerial Vehicle의 약어. 초소형 비행체.

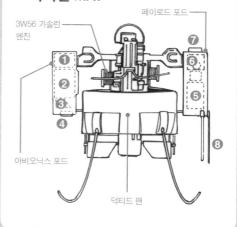

●하니웰 MAV

페이로드 포드

3W56 가솔린 엔진

아비오닉스 포드

덕티드 팬

❶배터리 팩 ❷아비오닉스 카드 스톡 ❸IMU ❹레벨 센서 ❺GPS 모듈 ❻EO 카메라 ❼GPS 안테나 ❽다운링크/업링크 안테나

소형 UAV라면 본체 이상으로 조작장치와 수신장치 등의 부수장비가 많은 기체가 대부분으로 장비품이 많은 보병부대에는 이 또한 부담이 되는 것이 사실이다.

또한 UAV 운용에는 최저 3명의 인원이 요구되기 때문에 현재의 소형 UAV보다 더욱 작고 1명의 운용요원 만으로도 충분한 UAV를 연구개발하고 있다.

03. 군용 로봇(3)

새나 곤충처럼 날갯짓을 하는 로봇

앞 페이지의 MAC(초소형비행체)보다 더욱 소형화를 목표로 하는 차세대 MAV는 벌새나 곤충과 같이 날갯짓을 하여 비행을 하는 기체이다. 지금까지의 UAV와는 다르게 지표면을 낮게 저속으로 비행하며 그만큼 넓은 범위에서 운용할 수 있다. 이러한 특성으로 건물 내부의 정찰과 감시, 실내의 감시와 도청 등의 활동에 적절하다.

이와 같은 MAV는 미군에서 길이와 폭 모두 15cm 이하, 중량 100g 이하의 사양으로 규정되고 있다.

제1장 소화기
제2장 전투장비
제3장 생존장비
제4장 특수장비
제5장 미래의 보병장비

[왼쪽], [아래] 양자 모두 미 공군에서 연구 중인 차세대 MAV이다. 동력이나 유압 등으로는 소형화가 어렵기 때문에 인공근육을 내장한 날개를 움직여 비행하는 방식을 채택했다. 날갯짓의 메카니즘은 벌새와 곤충을 참조하여 단순화한 구조로 이루어져 있다.

벌새나 곤충이 공중을 날아다닐 때 발생하는 공기의 점성은 인간이 타는 비행기와는 크게 다른 것이다. 곤충과 같이 작은 비행체(일반적으로 15cm 이하)는 활공비행보다 날갯짓 비행 쪽이 적절하다고 한다. 이 때문에 MAV도 날갯짓으로 비행하는 방식으로 연구가 진행되고 있다.

*벌새=가장 작은 조류로 그중에서도 작은 헬레나 벌새는 몸길이 6cm, 체중 2g 정도로 거의 곤충만한 크기이다.

● 날갯짓 비행형 MAV

기체구조제
배터리
날개접합 힌지
안테나
크랭크
기어박스
이미지 센서
프로세서
커넥션 로드
모터

◀유도식 날갯짓 비행형 MAV

기어 박스는 모터의 회전을 적절한 회전수로 전환하여 크랭크에 회전을 가한다. 크랭크가 회전하면 좌우의 커넥션 로드가 위아래로 움직여서 날개를 움직인다. 하지만 이러한 기계식 날갯짓 비행형은 소형화하는데에 한계가 있다.

▶ 인공근육형 날갯짓 비행형 MAV

미세한 전류로 수축하는 인공근육으로 날개를 움직이는 방식으로 기체를 소형, 경량화할 수 있어서 차세대 MAV로 주목받고 있다.

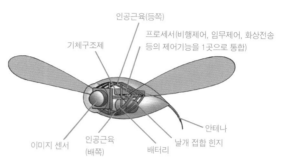

인공근육(등쪽)
프로세서(비행제어, 임무제어, 화상전송 등의 제어기능을 1곳으로 통합)
기체구조제
안테나
이미지 센서
인공근육(배쪽)
날개 접합 힌지
배터리

● 1990년대의 MAV

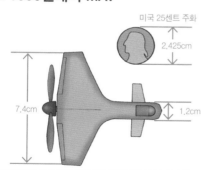

미국 25센트 주화
2,425cm
7.4cm
1.2cm

1990년대에 MIT 링컨 연구소가 개발했던 MAV. 초소형 MAV 이지만 당시에는 날갯짓 비행이 주목받지 않았기 때문에 카나드 날개의 형태를 하고 있었다.

◀인공근육을 이용한 날갯짓의 구조

등쪽 인공근육이 수축하여 날개를 끌어올린다.

배쪽 인공근육이 수축하여 날개를 끌어내린다.

● 차세대 MAV의 사용법

[오른쪽] 새나 곤충 정도의 크기의 MAV라면 고성능 인공지능의 탑재는 어렵다. 대신 다수의 MAV를 동시에 사용할 수 있어서 각각의 기체로부터 수집한 파편적인 정보를 통합하는 방법이 채용될 예정이다(각기 다른 기능을 가진 UAV를 복수조합으로 운용하는 방법도 있다). 하지만 이를 위해서는 기체의 생산과 운용, 유지에 드는 비용을 낮출 필요가 있다.

04. 첨단 보병 전투 시스템(1)

디지털 보병 랜드워리어

제1장 소화기

제2장 전투장비

제3장 생존장비

제4장 특수장비

제5장 미래의 보병장비

21세기 육군의 주요장비로 개발되어 실용화 단계에 놓인 것이 미국의 랜드워리어로 대표되는 미래보병체계이다. 랜드워리어는 보병에 고도의 디지털 통신기능을 포함한 정보 네트워크에 연결하여 각종 장비에 의해 전투력과 생존성을 향상시키는 것을 목표로 했다.

이러한 미래전투체계와 UAV 등의 군용 로봇, 전투차량 배비를 통해 대테러전투 등 새로운 형태의 전쟁에 대응할 수 있는 군대로 만드는 것이 FCS(미래전투체계)라 불리우는 병력 근대화 개념이다.

미군이 아프가니스탄에서 시험 투입했던 랜드워리어는 현재 사진과 같은 제2세대 모델이 개발되어 있다. 1990년대 후반부터 레이시온 사가 개발해온 것으로 IHAS(통합형 헬멧 어셈블리 보조 시스템), 컴퓨터/통신 보조 시스템, 방호/개인장비 보조 시스템으로 구성되어 있다.

보병 각자에게 비디오카메라/레이저거리측정기 / 감시장치(열영상장치) 등의 기능을 가진 조준장치, 통신장치, 헤드업 디스플레이, 휴대형 컴퓨터, 키보드, 배터리, GPS 수신기 등을 갖추게 하는 것으로 각 보병 간, 지휘관, 사령부와의 정보교류가 가능하다.

전황에 따라 적절하게 부대를 배치하여 전투를 진행하고 아군사격이 발생하지 않도록 할 수 있는 등 보병부대의 전투능력을 크게 향상시킬 것으로 보인다.

당연히 야간전투능력도 향상된다.

*FCS=Future Combat System의 약어. *IHAS=Integrated Helmet Assembly Subsystem의 약어.

● 랜드워리어(Gen.2)

헬멧 보조 시스템
데이터통신과 감시장치의 화상, 지도 데이터 등을 표시하는 디스플레이 장치와 교신용 헤드셋으로 구성

무장 보조 시스템
감시장치와 사격조준장치의 기능을 가진 관측장치

조종장치
컴퓨터에 입력하거나 시스템을 조작하는 키보드 등의 조작장치

GPS유닛
자신의 위치정보를 파악하기 위한 장치

GPS 안테나
GPS위성의 정보수신용 안테나

무선LAN 안테나

CPU
랜드워리어의 시스템을 작동시키기 위한 휴대용 컴퓨터

배터리
시스템 전체를 작동시키기 위한 전원. 1회 충전으로 약 12시간 사용 가능.

EPLRS
화상통신을 포함한 무선 송수신 외에도 현재위치 등의 정보를 지휘관에게 전송하는 장치

보병을 디지털 네트워크화하여 지휘관과 병사가 무선네트워크를 통해 교신하여 자신들의 상황과 명령 등을 정확히 파악할 수 있다. 또한 여기에 UAV 등의 정찰정보, GPS의 위치정보, 다른 부대와의 정보 공유화 등에 의해 전투에 대한 불확실성을 최소화로 하며 아군의 생존성을 높여 효율적인 전투가 가능해진다. 하지만 이렇게 하다보니 미래전투체계 시스템에도 문제점이 생겼으니 바로 중량 문제이다. 시스템에 다양한 기능을 포함시키게 되면서 중량이 증가하여 22~25kg 정도가 되는 바람에 이를 착용하는 장병에게 상당한 부담이 되어버린 것이다. 이 문제를 해결하기 위한 수단으로 보병이 착용하는 근력 보조 장비의 개발도 진행되고 있다.

*EPLRS=Enhanced Position Location Reporting System의 약어.
*장병에게 상당한 부담=아프가니스탄이나 이라크에서는 보병 1명이 휴대할 수 있는 장비의 중량은 평균 50kg 정도였다.
*근력 보조 장비=228쪽 참조.

05. 첨단 보병 전투 시스템(2)

프랑스군의 FELIN 시스템

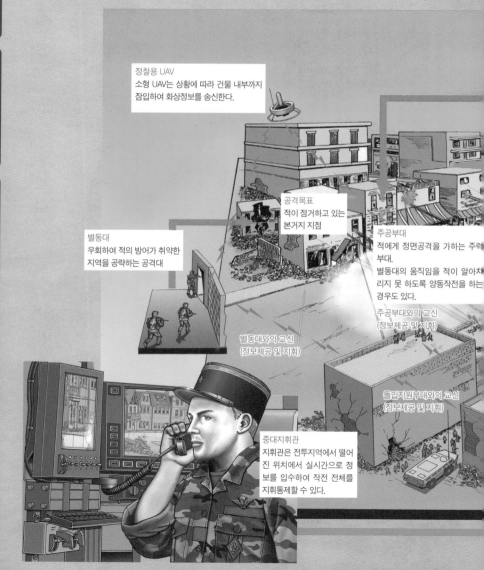

정찰용 UAV
소형 UAV는 상황에 따라 건물 내부까지 잠입하여 화상정보를 송신한다.

공격목표
적이 점거하고 있는 본거지 지점

별동대
우회하여 적의 방어가 취약한 지역을 공략하는 공격대

주공부대
적에게 정면공격을 가하는 주력 부대.
별동대의 움직임을 적이 알아채리지 못 하도록 양동작전을 하는 경우도 있다.

주공부대와의 교신
(정보제공 및 지휘)

별동대와의 교신
(정보제공 및 지휘)

돌입지원부대와의 교신
(정보제공 및 지휘)

중대지휘관
지휘관은 전투지역에서 떨어진 위치에서 실시간으로 정보를 입수하여 작전 전체를 지휘통제할 수 있다.

Future Infantry Equipments

미래전투체계 시스템을 장비한 보병부대가 실제로 어떤 전투를 전개하게 될 것인지, 프랑스육군의 FELIN(차세대 보병용 통합장비) 시스템으로 알아보겠다.

지휘관을 시작으로 각 병사가 UAV 등의 정찰 시스템에 의해 적에 대해 충분한 정보를 획득한 후 전투를 개시한다. 또한 전개되는 전투 상황은 화상 등을 포함하여 모든 정보를 전원이 실시간으로 파악하는데, 이는 기존의 전투에서는 불가능했던 획기적인 변화이다.

정찰용 UAV
UAV로 얻은 정보는 지휘관을 시작으로 각 부대에 전달된다.

적화력거점
대전차무기를 보유한 적의 화력거점

UAV로부터의 정찰정보

장갑차량부대
장갑차량은 화력으로 주공부대를 지원

장갑차량부대와의 교신
(정보제공 및 지휘)

중대본부
담당지역의 적 거점을 제압, 점령하는 작전부대(중대)의 지휘, 통제

전투상황을 지도로 표시한 화상

공격목표에 진입한 돌입부대는 무장 보조 시스템의 감시장치를 이용하여 건물 내부를 정찰한다. 촬영한 화상은 돌입부대의 각 장병에게 전달된다.

웨폰 서브 시스템을 통해 전송된 화상. 지휘관은 이를 통해 작전지휘를 진행한다. 전투에 참가하고 있는 장병 전원이 화상에 의해 현재 상황을 파악할 수 있다.

각 병사 간에 전투상황과 정보를 무선네트워크를 통해 교환한다. 적의 위치나 자신이 처한 상황 등을 이해하는 것으로 불필요한 행동 없이 전투임무를 진행할 수 있다.

벽에 몸을 밀착시킨 상태로 총만 내밀어서 상황을 감시할 수 있다.

06. 첨단 보병 전투 시스템(3)

난이도가 높은 시가지 전투에서 활약

제1장 소화기

제2장 전투장비

제3장 생존장비

제4장 특수장비

제5장 미래의 보병장비

미래전투체계 시스템을 장비한 보병부대가 가장 위력을 발휘할 수 있는 상황이라면 역시 MOUT(Military Operations on Urbanized Terrain: 도시지역 군사작전)일 것이다. 이라크 등지에서 전개된 시가전은 민간인이 거주하는 장소가 전장이 된 경우가 많았다. 이런 장소에서는 정보가 무엇보다 중요하며 정보를 공유한 부대의 연계가 불가결하다. 고도로 정보 네트워크화된 보병부대의 큰 활약이 기대되는 이유이다.

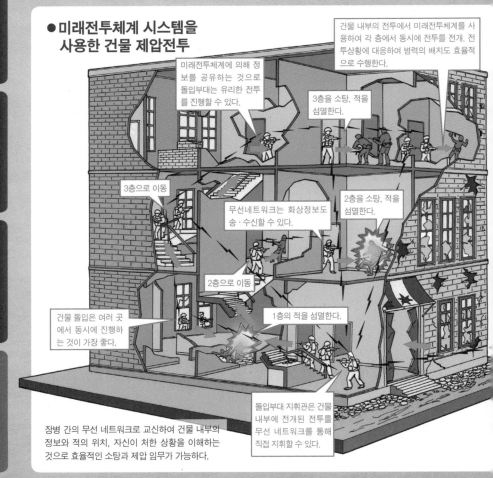

● 미래전투체계 시스템을 사용한 건물 제압전투

미래전투체계에 의해 정보를 공유하는 것으로 돌입부대는 유리한 전투를 진행할 수 있다.

건물 내부의 전투에서 미래전투체계를 사용하여 각 층에서 동시에 전투를 전개. 전투상황에 대응하여 병력의 배치도 효율적으로 수행한다.

3층을 소탕, 적을 섬멸한다.

3층으로 이동

무선네트워크는 화상정보도 송·수신할 수 있다.

2층을 소탕, 적을 섬멸한다.

2층으로 이동

건물 돌입은 여러 곳에서 동시에 진행하는 것이 가장 좋다.

1층의 적을 섬멸한다.

장병 간의 무선 네트워크로 교신하여 건물 내부의 정보와 적의 위치, 자신이 처한 상황을 이해하는 것으로 효율적인 소탕과 제압 임무가 가능하다.

돌입부대 지휘관은 건물 내부에 전개된 전투를 무선 네트워크를 통해 직접 지휘할 수 있다.

● 일본 육상자위대 미래형 개인장비 시스템

2007년에 "건담의 실현을 향하여"라는 문구와 함께 방위성이 발표한 것이
이 선진 개인장비 시스템이다. 라고는 하지만 건담과는 상당히 거리가 있으
며 실제로는 미군의 랜드워리어와 같은 종류의 미래체계전투 시스템이다.
보병의 개인장비를 디지털 정보화하여 높은 전투능력과 생존성을 보장하며
적에 대해 유리한 전투를 진행하게 하는 발상을 실현하는 것으로 그 핵심이
되는 것이 입는 컴퓨터(웨어러블 컴퓨터)이다.

발표된 시스템은 아직 개발단계(현재 Ver.3까지 진행중)이다.

❶통합 헬멧(무선 안테나, 적외선 LED, TV카메라, 헬멧 마운트 디스플레이
등을 장비한 헬멧. 일러스트에서는 TV카메라 위에 붙은 적외선 LED가 그려
져 있지 않다)

❷헬멧 마운트 디스플레이(헬멧에 장착되어 TV카메라와 소총의 야간용 감
시조준장비의 영상을 표시. 무선 네트워크에 의해 대원간에 화상 등 정보
공유가 가능하며 지휘관으로부터의 전달사항이나 장비시스템의 상황
도 디스플레이에 표시된다.)

❸헤드폰 및 이어 모니터(일반 헤드폰의 기능과 함께 착용자의
심박과 체온 등을 체크하는 용도로 사용)

❹전자 조끼(조끼 등 부분에 시스템을 기동하기 위한 리눅스와
윈도우즈의 2대의 PC와 배터리를 수납. 각 장비와 접속하는 배
선이 연결되어 있다.)

❺야간용 감시조준 장치(소총에 장착된 야간용 조준장치. 화상은
헬멧의 디스플레이에 표시되며 장비 자체에도 모니터가 붙어있어 일반적
인 조준기로도 사용할 수 있다.).

❻시스템 조작장치(각 장비를 기동하기 위한 마우스. 메시지 송신도
가능)

❼ TV 카메라

*웨어러블 컴퓨터=몸에 입는 소형 컴퓨터

웨폰 서브 시스템으로 촬영된 화상은 장병
각자에게 전달되어 헬멧에 장착된 디스플
레이로 볼 수 있다.

적 발견

중대지휘관은 떨어진 장소에서 자신의
각 부대가 전개하는 작전 상황을 실시
간으로 지휘할 수 있다.

07. 첨단 보병 전투 시스템(4)

궁극의 보병. 솔저 2025

보병용 개인전투 시스템이 최종적으로 목표로 하는 것은 전자 시스템에 의한 보병의 디지털화 이다. 외부에 대한 높은 기능(적에게 발견되지 않 을 수 있는 위장능력, 핵병기와 생물화학병기, 방

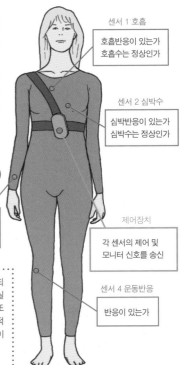

●미래보병의 장비는?

▶퓨처 포스 워리어

❶통합형 헬멧(상황표시 디스 플레이, 통신장치 등을 내 장. 헬멧 좌우에는 라이트와 적외선 영상장치 / TV카메 라를 장착) ❷헬멧과 일체형 의 NBC가스마스크 ❸방탄복 ❹웨폰 시스템 ❺시스템 조작 키보드 ❻대NBC기능, 대 기 온기압능력을 가진 전투복 ❼ 장비 수납 시스템 ❽캐멀 백 방식의 수통 ❾컴 퓨터 및 배터리

▼WPSM은 병사의 생체상황을 체크하는 센서 와 센서를 제어/모니터 및 데이터 신호를 송신하 는 제어장치로 구성되어 있다.
전투복 아래에 센서가 붙은 보디 슈트(또는 센서 를 피부에 직접 부착)와 제어장치를 장착한다.
장치는 착용자의 호흡수, 심박수, 혈압, 운동반 응 등의 정상여부를 모니터링하여 이상이 발견 될 경우 신호를 발신한다.

▶WPSM (전사 생리상황 모니터링)

센서 1 호흡
호흡반응이 있는가
호흡수는 정상인가

센서 2 심박수
심박반응이 있는가
심박수는 정상인가

센서 3 혈압
반응이 있는가
정상 혈압인가

제어장치
각 센서의 제어 및
모니터 신호를 송신

센서 4 운동반응
반응이 있는가

▲21세기의 미군 보병부대의 주요장비가 되는 미래전투체계로서 연구되 고 있는 장비 시스템으로 다양한 기능을 집결시킨 형태이다. 이 장비가 실 현된다면 보병의 전투능력은 지금과는 비교할 수 없이 향상될 것이다. 또 한 이 장비에는 병사의 생존성을 향상시키는 원거리 의료관리 기술이 적 용되는데 이것은 착용한 병사의 생체상황을 원거리의 지휘관과 군의관이 체크할 수 있는 획기적인 시스템이다.

*NBCR=NBC에 Radiological(방사성물질)을 더한 용어 *NATICK=미 육군 나틱연구개발기술센터
*퓨처 포스 워리어=현재는 랜드워리어와 통합된 프로젝트이다. *WPSM=War Fighter Physiological Status Monitor의 약어

사성물질에 대응할 수 있는 NBC전투능력, 총탄과 파편 등에 대응하는 방탄능력, 고온의 열과 화염에 대응할 수 있는 방화내열능력 등)을 가진 특수복장에 의한 인체기능의 강화, 작으면서도 강력한 위력을 가진 화기에 의한 전투능력의 향성이다.

그러한 미래의 모습을 상상한 것이 NATICK에서 발표한 솔져 2025이다. 현재의 랜드워리어나 퓨처 포스워리어는 솔져 2025까지의 발전과정이라고도 할 수 있다.

●궁극의 보병전투 장비 솔져 2025

미국이 개발하고 있는 미래전투체계의 최종목표라 할 수 있는 것이 2025시스템(솔져 2025)이다.

퓨처 포스 워리어를 더욱 발전시켜, 헬멧과 방탄복과 전투복이 장착된 각종 센서에 의해 주변 환경과 형태를 감지하여 카멜레온처럼 색과 형태 패턴을 변화시켜 착용자를 눈에 띄지 않게 위장시켜주는 기능을 지닌다.

❶헬멧 시스템(감시장치 등의 각종 센서와 디스플레이 장치를 내장) ❷에어 필터 마스크(대NBC대응능력과 통신 시스템을 내장) ❸방탄복 (나노 테크놀로지에 의한 신소재로 제작하여 탄두가 명중하면 순간적으로 단단해지는 대응형 방탄능력을 갖추고 있다) ❹❺근력 강화장치(엑소맥스 등의 신소재를 통해 착용자의 근력을 강화, 향상시키는 보조기능) ❻전투복(카멜레온과 같은 위장기능, 대NBC방어, 대기온기압능력, 착용자의 심박수와 혈압 등을 기록, 표시하는 바이오 센서 기능, 부상당한 부위의 피해를 표시하는 기능 등) ❼휴대용 컴퓨터 (장비 시스템의 관리, 무선 네트워크 기능, 로봇 병기 시스템 조작기능 등)

08. 광학 위장

궁극의 위장은 투명 인간

지금까지 다양한 위장복이 연구개발되었지만 궁극의 위장복이라고 한다면 아마도 광학위장일 것이다. 광학위장이란 간단히 말해서 투명인간이 되는 기술이다. 영화 「프레데터」나 애니메이션 「공각기동대」, 게임 「메탈기어솔리드」 시리즈 등에서의 묘사로 익숙한 소품이기도 한데, 구체적으로는 카멜레온처럼 주변 환경에 맞춰서 색과 모양이 변화하는 특수복장, 배후의 풍경을 촬영하여 표면에 화상을 투영시키는 복장, 주변의 빛을 투과(혹은 우회)시켜 보이지 않게 만드는 장비 등의 방법을 생각할 수 있다. 어떤 방법도 기술적으로 해결하지 않으면 안 되는 문제가 잔뜩 쌓여

삼림지대에서 효과가 높은 위장복도 도심지에서는 매우 눈에 띄는 존재가 되고 만다. ACU 등의 위장복의 출현으로 도심지, 삼림지대, 사막지대 등 다양한 환경에 대응할 수 있는 위장패턴이 만들어졌다고 볼 수 있겠지만 시각적으로 투명화시켜버리는 광학위장에게는 이길 수가 없다.

있지만 일본, 영국의 대학, 미군의 연구기관과 대학 등에서 본격적으로 광학위장의 연구개발이 진행되고 있다. 어느 정도 효과가 실현된 기술도 있기 때문에 그리 멀지 않은 미래에 광학위장복이 진짜로 실전 투입될지도 모를 일이다.

1920년대에 스페인에서 고안된 거울 시스템은 광학위장의 선조라고 할 수 있는 아이디어이다.
거울처럼 주변이 비치는 표면을 가진 금속제 방탄판 뒤에 엄폐하여 적을 속이는 것이다.

●광학위장의 원리

일본에서 연구가 진행되고 있는 광학위장은 배후의 풍경을 촬영하여 슈트에 투영하여 투명 상태처럼 보이게 만드는 방법이다. 중요한 것은 재귀성반사재라는 소재로 만들어진 슈트로, 배경이 비춰지는 스크린이 되어 착용자를 배경에 녹아들게 만드는 것이다. 하지만 이 방법에는 배경을 촬영하는 외부 카메라가 필요하다. 투명하게 보이게 하기 위해서는 하프 미러(보이는 각도에 따라 거울이 되는 특수가공 유리)를 통해 화상을 보여주지 않으면 안 된다. 이처럼 아직도 해결해야 할 문제가 많다.

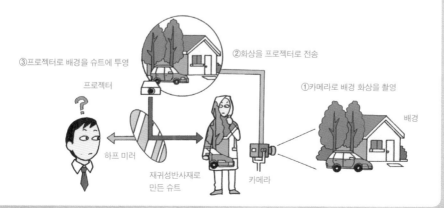

③프로젝터로 배경을 슈트에 투영
②화상을 프로젝터로 전송
프로젝터
①카메라로 배경 화상을 촬영
배경
하프 미러
재귀성반사재로 만든 슈트
카메라

*재귀성반사재Retro-reflective=입사된 방향으로 빛을 반사시키는 소재

09. 파워드 엑소 스켈레톤

보병용 근력 보조 장비

현대의 보병은 다수의 장비를 휴대해야만 한다. 특히 아프가니스탄과 같이 도로가 부족한 지역에서는 도보이동이 중심이 되므로 병사는 무거운 장비를 짊어진 채로 장시간의 보행을 강요받게 된다. 따라서 병사에게 큰 부담이 되는 각종 장비의 중량 문제를 해결하기 위해 근력 보조 장비의 개발은 필수라고 할 수 있다. 일러스트와 같은 파워 엑소스켈톤(강화외골격)을 착용하는 것을 통해 보병의 부담은 크게 줄어들 것으로 기대된다. 또한 미군을 시작으로 각국 육군이 연구개발 중인 미래전투체계 시스템 역시 보병의 중량 부담을 크게 늘리는 문제가 있는데 이 역시 엑소스켈톤 착용으로 해결할 수 있을 것이다.

일러스트는 현재 미 육군에서 테스트 중인 HULC. 전동유압작동방식의 엑소스켈톤으로 허리, 무릎, 발목 부분 등 하복부 주요관절부에 동력보조를 추가하는 매우 간단한 시스템이다. 장래적으로는 HULC도 좀 더 세련된 형태로 발전하여 방탄복이나 프로텍터처럼 입는 형태로 변화할 것이다.

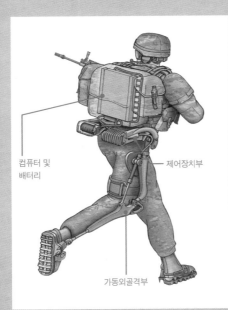

컴퓨터 및
배터리

제어장치부

기동외골격부

록히드 마틴 사가 공개한 엑소스켈톤 HULC. 자동화가 진행된 미군이라도 물자의 하역이나 포탄 적재 등 사람의 힘으로 해결해야 하는 작업은 여전히 많기에 그러한 작업을 진행하는 병사가 엑소스켈톤을 착용하여 1인당 작업효율을 높이고 적은 인원으로도 작업을 진행할 수 있다. 사진의 HULC는 단순 보행뿐 아니라 90kg 정도의 화물을 운반할 수도 있다.

제어장치부
제어장치부는 외골격부를 움직이는 유압 실린더의 조절과 착용자의 움직임을 감지하는 센서의 기능을 가진다.
일러스트는 커버가 씌워진 상태이지만 내부에는 좌우 외골격부마다 각각의 제어장치가 있어서 몸의 움직임에 맞춰서 가동장치 자체가 독립하여 움직여 균형을 잡는다.

컴퓨터 및 배터리
등의 배낭의 프레임에는 장치 작동에 필요한 전원(리튬 폴리머 배터리)와 착용자의 몸의 움직임을 감지하여 외골격 가동부를 움직이기 위한 소형 컴퓨터가 적재되어 있다.
배터리는 72시간의 작동시간을 목표로 하고 있지만 아직까지는 2시간 정도가 한계이다.
현시점에서 컴퓨터의 소형경량화는 상당히 진전되었지만 배터리가 10kg 정도에 머물러있어서 이 부분의 소형경량화에는 아직도 풀어야 할 문제가 많다.

가동외골격부
착용자의 몸 움직임에 맞춰 실제로 가동하는 부분으로 전동유압식으로 구동한다.
HULC는 인간의 보행을 보조하는 장비로서 다리의 움직임에 따라 움직인다.
장치 전체의 중량은 약 25kg으로 HULC를 착용하면 90kg 정도의 화물을 들고 최대시속 16km의 속도로 보행할 수 있을 것으로 보인다.
걷는 법은 보통 걷는 법과 달라서 장치가 몸에 맞춰 움직인다기 보다는 몸을 장치에 맞춰서 움직이는 감각(관성의 작동이 다르기 때문)이므로 장치를 착용한 후의 보행훈련이 필요하다.

●HULC의 특징

*엑소스켈톤Exoskeleton=외골격. 곤충을 비롯한 절지동물의 외피. 인간과 같은 척추동물의 골격은 내골격Endoskeleton이라 한다.
*HULC=Human Universal Load Carrier의 약어. 미국 코믹스 초인 헐크(The Hulk)에서 착안한 명칭이다.

10. XM-8 전투 소총 시스템

선진적인 돌격소총이었으나…

미군은 현재의 M16 계열 소총을 대체할 새로운 전투소총 시스템의 개방을 진행하고 있다. 그 중 하나가 독일 H&K사가 개발한 XM8이다. 미래적인 외견이며 강화 플라스틱 등의 신소재를 사용한 것이 특징이다. 성형 자유도가 높은 신소재를 사용하여 XM8은 반동이 낮으며 총구의 들림 현상 등을 낮출 수 있어 완전자동 사격 시에도 높은 명중률을 보여줄 수 있었으며 다른 소총과의 신뢰성 비교 테스트에서도 높은 성적을 보여주었다. 하지만 실제로 테스트해본 현장의 특수부대원들의 반발과 정치적인 이유 등으로 미군은 XM8 채용을 중지했다.

●XM8 경량 모듈러 웨폰 시스템

다기능 선진 조준 모듈
(도트 사이트식 적외선 표적 지시기, 적외선 조사장치, 4배율 광학 조준경으로 구성)

총몸 양측에 안전장치 / 연사,단발 조정간을 배치

별다른 도구 없이 맨손으로 핀을 눌러서 부품을 분리하는 것만으로도 총신과 개머리판 등을 교체 가능

5단계로 길이를 조절할 수 있는 신축형 개머리판(탈착 가능)

M16 돌격소총과 같은 룽만 방식이 아니어서 연소 가스 등으로 총 내부가 오염되지 않는다. 이 덕분에 연속 2000발의 사격을 진행해도 총기 청소가 불필요

양측에서 조작할 수 있는 탄창 멈치

제1장 소화기 / 제2장 전투장비 / 제3장 생존장비 / 제4장 특수장비 / 제5장 미래의 보병장비

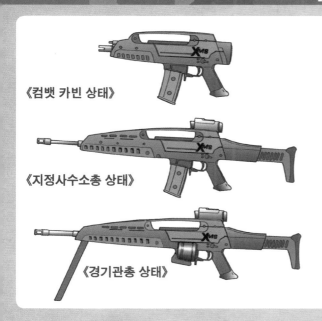

《컴뱃 카빈 상태》

《지정사수소총 상태》

《경기관총 상태》

●XM8의 다양한 변신

XM8의 커다란 특징은 5.56mm NATO 탄을 발사하는 총몸 부분을 그대로 유지한 채 총열과 개머리판 등의 부품을 교체하여 근접전투용 컴뱃 카빈에서부터 일반적인 용도의 돌격 소총, 분대지원용 자동화기까지 상황에 대응하여 다양한 형태로 구성할 수 있는 모듈러 웨폰 시스템이란 점이다. 또한 총신 아래에 40mm 유탄 발사기나 12게이지 산탄총을 별도의 가공 없이 장착할 수 있다. 총이 가볍고 반동이 적기 때문에 한손으로 완전자동사격도 가능했다고 한다.

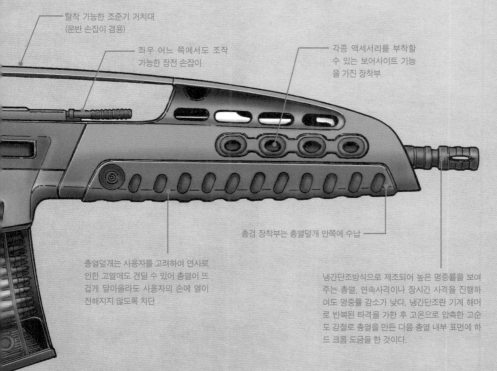

탈착 가능한 조준기 거치대
(운반 손잡이 겸용)

좌우 어느 쪽에서도 조작 가능한 장전 손잡이

각종 액세서리를 부착할 수 있는 보어사이트 기능을 가진 장착부

총검 장착부는 총열덮개 안쪽에 수납

총열덮개는 사용자를 고려하여 연사로 인한 고열에도 견딜 수 있어 총열이 뜨겁게 달아올라도 사용자의 손에 열이 전해지지 않도록 차단

냉간단조방식으로 제조되어 높은 명중률을 보여주는 총열. 연속사격이나 장시간 사격을 진행하여도 명중률 감소가 낮다. 냉간단조란 기계 해머로 반복된 타격을 가한 후 고온으로 압축한 고순도 강철로 총열을 만든 다음 총열 내부 표면에 하드 크롬 도금을 한 것이다.

11. XM29 OICW

실패로 끝난 신세대 보병용 소총

제1장 소화기

제2장 전투장비

제3장 생존장비

제4장 특수장비

제5장 미래의 보병장비

OICW(개인전투화기)는 미군의 신세대 보병용 소총으로 1990~2000년대 무렵까지 개발된 소총이다. 5.56mm 소총과 20mm 유탄 발사기를 일체화하여 FCS(화기관제장치)로 제어하는 고성능 총기 시스템이었다. FCS에는 주·야간 사용가능한 조준장치와 다기능 마이크로 프로세서를 내장, CCD 카메라를 통한 총의 조준경에 비친 영상을 헬멧의 바이저에 투영하여 다른 대원에게 송신하는 것도 가능했다.

하지만 총의 크기와 5.5kg이라는 중량(장탄 상태에서는 8kg 이상) 등, 여러 가지 문제로 인해 결국 2004년에 OICW 기획은 중지되고 말았다.

《OICW의 탄약》

20mm 유탄(HE탄)

20mm 훈련탄

5.56mm 소총탄

FCS(레이저 거리측정기와 탄도계산을 통해 목표를 정확히 조준가능)

20mm 유탄 발사기 총신

▼OICW 초기형

화기관제장치 스위치(왼쪽부터 감시 채널, 신관 설정, 감시배율, 도트 설정)

개머리판 (배터리 수납부)

5.56mm 탄피 배출구

5.56mm 소총 총신

20mm 유탄 탄창

20mm / 5.56mm 조정간

5.56mm 탄창

공중폭발 모드

직격 모드

◀OICW 유탄의 모드 예시

20mm 유탄은 직격 모드(단단한 표적에 맞는 순간 폭발), 공중폭발 모드(목표 상공에서 폭발), 관통 모드(목표물의 표면을 관통한 후 폭발), 윈도우 모드(레이저로 지정한 목표를 관통 후 사수가 지정한 거리에서 폭발)하는 4개의 모드로 발사할 수 있다. 모드 선택은 FCS에서 진행하여 유탄의 신관에 입력된다. 또한 발사 시의 충격도 적어서 조작하기 쉬운 면이 있었다고 한다. 얼라이언트 테크 시스템즈 사가 개발했다.

*OICW=Objective Individual Combat Weapon의 약어. *FCS=Fire Control System의 약어.
*OICW 기획은 중지=XM29의 소총 부분(H&K의 G36의 작동부를 채용)의 설계를 이용하여 개발된 것이 XM8 전투소총 시스템이었다.

●주요참고문헌

『컴뱃 웨폰즈 일러스트레이티드コンバット・ウェポンズ・イラストレーテッド』, 하비 재팬ホビー・ジャパン

『최강 군용총 M4 카빈最強軍用銃 M4カービン』, 이이지마 도모아키飯柴 智亮 저, 나미키 쇼보並木書房

『언더그라운드 웨폰アンダーグラウンド・ウェポン』 도코이 마사미 床井雅美 저, 니혼슛판샤日本出版社

『AK-47 & 칼라시니코프 베리에이션 AK-47&カラシニコフ・バリエーション』 도코이 마사미 저, 다이닛폰카이가大日本絵画

『도설 세계의 총 퍼펙트 바이블図説 世界の銃パーフェクトバイブル』 1~3, 가쿠슈켄큐샤学習研究社

『파이어파워 총화기ファイアパワー 銃火器』 part1~2, 도시샤슛판同朋舎出版

『SURVIVAL』, DAVID & CHARLES

『COMBAT』, CHARTWELL BOOKS.INC

『GUNS OF THE ELITE』, GEORGE MARKHAM, ARMS & ARMOR

『MILITARY SMALL ARMS OF THE 20thCENTURY』, IAN V. HOGG/JOHN S. WEEKS, Krause Publications

『U.S. ARMY Sniper Training Manual TC23・14』

『FIELD HYGIENE AND SANITATION FM21-10』

『Tactical Field Kitchen TFK 250』, KÄRCHER

『RIFLE MARKSMANSHIP M-16/M4 SERIES WEAPONS FM3-22.9』

『Soldier Evolution | System Solutions』, PROGRAM EXECUTIVE OFFICE SOLDIER

『Uniformen』, Bundeswehr

● 참고 웹사이트

Department of Defence, U.S. ARMY, NATICK, U.S. MARINES, British Army, BLACK DIAMOND, Tasmanian Tiger, SAFRAN, GENTEX, NAVISTAR DEFENSE, BOEING, LOCKHEED MARTIN, NORTHROP GRUMMAN, FNHUSA, ACCURACY INTERNATIONAL LTD, ORARA SENSOR SYSTEMS, CAMERO, HARRIS, Point Balck BODY ARMOR, MSA, 일본 방위성,

저자 **사카모토 아키라(坂本 明)**

나가노 현 출신, 잡지 「항공 팬」 편집부를 거쳐, 프리랜서 라이터&일러스트레이터로 활약. 메카닉과 테크놀로지에 조예가 깊으며, 일러스트를 구사하는 비주얼 해설로 수많은 밀리터리 팬 사이에 널리 이름을 알렸다. 저서로는 『도해 첩보 정찰 장비』『도해 세계의 미사일·로켓 병기』『도해 세계의 잠수함』『세계의 군복』 등이 있으며, 현재 『컴뱃 매거진』(월드 포토 프레스), 『역사군상』(GAKKEN퍼블리싱) 등에 기사를 연재 중이다.

역자 **이상언**

1976년생. 밀리터리&서바이벌 전문지인 월간 『플래툰』에서 필진 및 편집·취재기자로 근무했다. 주요 역서로는 『스나이퍼-보이지 않는 공포』『칼라시니코프 소총과 군용총기/특수부대』(호비스트, 이상 공역)가 있으며, 이 밖에도 『칼라시니코프 2 - AK소총의 발자취』『세계의 특수부대 미군 특수부대편』『세계의 특수부대 러시아·유럽·아시아편』『도해 핸드웨폰』의 편집·제작 및 용어 감수를 담당한 바 있다.

세계의 보병장비

초판 1쇄 인쇄 2018년 3월 10일
초판 1쇄 발행 2018년 3월 15일

저자 : 사카모토 아키라
번역 : 이상언

펴낸이 : 이동섭
편집 : 이민규, 오세찬, 서찬웅
디자인 : 조세연, 백승주
영업 · 마케팅 : 송정환, 최상영
e-BOOK : 홍인표, 김영빈, 유재학, 최정수
관리 : 이윤미

㈜에이케이커뮤니케이션즈
등록 1996년 7월 9일(제302-1996-00026호)
주소 : 04002 서울 마포구 동교로 17안길 28, 2층
TEL : 02-702-7963~5 FAX : 02-702-7988
http://www.amusementkorea.co.kr

ISBN 979-11-274-1340-8 03390

Saikyou Sekai no Hoheisoubi Zukan
© Akira Sakamoto 2013
First published in Japan 2013 by Gakken Publishing Co., Ltd., Tokyo
Korean translation rights arranged with Gakken Plus Co., Ltd.,
through The English Agency (Japan) Ltd. and Danny Hong Agency

이 도서의 국립중앙도서관 출판예정도서목록(CIP)은 서지정보유통지원시스템 홈페이지(http://seoji.nl.go.kr)와 국가자료공동목록시스템(http://www.nl.go.kr/kolisnet)에서 이용하실 수 있습니다.
(CIP제어번호: CIP2018001400)
*잘못된 책은 구입한 곳에서 무료로 바꿔드립니다